D1926620

FOSSILIEN DER MESSEL-FORMATION

Mit einem Grußwort von Frau Dr. Vera Rüdiger
Hessische Ministerin für Wissenschaft und Kunst

Reinhard Heil
Wighart v. Koenigswald
Horst Gottfried Lippmann
Detlev Graner
Carmen Heunisch

Hessisches Landesmuseum in Darmstadt

Herausgegeben vom
Hessischen Landesmuseum in Darmstadt
(Wolfgang Beeh)

Schriftleitung:
Wighart v. Koenigswald

Vordere Umschlagseite:
Schlange HLMD – Me 7915
Hintere Umschlagseite:
großer Insektenfresser
(Ausschnitt) HLMD – Me 8011

CIP-Kurztitelaufnahmen der Deutschen Bibliothek

Fossilien der Messel-Formation
Hess. Landesmuseum in Darmstadt. Mit e. Grußwort von
Vera Rüdiger. Reinhard Heil... – [Neuausg.]. – Darmstadt:
Hess. Landesmuseum, 1987.
Frühere Ausg. u. d. T.: Fossilien der Messeler Schichten
ISBN 3-926527-07-2
NE: Heil, Reinhard [Mitverf.]: Hessisches Landesmuseum
‹Darmstadt›

Typographie: Fritz Fischer
Herstellung: Druckerei H. Anthes, Darmstadt
© Hessisches Landesmuseum in Darmstadt, 1987

Grußwort

Das Hessische Landesmuseum in Darmstadt gab 1979 anläßlich einer Sonderausstellung von Fossilien der Grube Messel und der Grube „Prinz von Hessen" eine Schrift FOSSILIEN DER MESSELER SCHICHTEN heraus. Nach wenig mehr als einem halben Jahrzehnt ist bereits eine erneute Ausgabe der vorliegenden wertvollen und schönen Schrift notwendig, verbunden mit einer wesentlichen Aktualisierung und Erweiterung des Textes und der Abbildungen.

Zunehmend erweist sich die Grube Messel als eine einzigartige, immer wieder neue und überraschende Funde liefernde Fossillagerstätte von überaus hohem Rang. Unser Bundesland Hessen ist an erdgeschichtlichen Schätzen dieser Bedeutung nicht reich. Das überwältigende Interesse unserer Bürger und Bürgerinnen, der Einsatz vieler Vereinigungen und die Arbeit zahlreicher wissenschaftlicher Institutionen bestärken uns in dem Bemühen, für die Grabungen in der Grube Messel und die damit verbundenen wissenschaftlichen Untersuchungen ein langfristig tragfähiges Konzept zu entwickeln.

Mit derselben Zielrichtung habe ich vor einiger Zeit an eine Kommission namhafter Fachwissenschaftler, insbesondere Geowissenschaftler, den Auftrag zu einem Gutachten vergeben. Die ersten Ergebnisse dieser Begutachtung liegen bereits vor. Für die Klärung der künftigen Bestimmungen der Grube Messel sind diese Untersuchungen von größter Bedeutung. Erstmals werden wir über die Bedingungen und den Umfang der künftigen paläontologischen Forschung, aber auch über den Umfang und die Kosten der künftigen Sicherung und Erhaltung der Grube genauer unterrichtet sein. Auf dieser Grundlage erst wird dann ein verläßlicher Plan für die weitere Nutzung der Grube entstehen können.

Kein Zweifel: Die wissenschaftliche Erforschung der Grube Messel, an der sich zahlreiche geowissenschaftlich wie biologisch orientierte Einzeldisziplinen beteiligen, hat Zukunft.

Eine entscheidende Rolle wird hierbei einer verstärkten Vermittlung der Untersuchungsergebnisse an die Öffentlichkeit zukommen. In diesem Sinne wünsche ich der neuen Schrift eine weite Verbreitung.

Dr. Vera Rüdiger
Hessische Ministerin für Wissenschaft und Kunst

Grube Messel Ende Oktober 1986 von Osten gesehen. Am Rande rechts die helle Halde der Firma Ytong, oben links Gebäude der Firma Seeland sowie Bauwerke der geplanten Deponie. Luftbild freigegeben unter der Nummer 71/87 durch das Regierungspräsidium Darmstadt.

Inhalt

6 Vorbemerkung
Dr. Reinhard Heil

A
7 Zur Geologie der Messel-Formation
Dr. Reinhard Heil

B
17 Die bergbauliche und weitere Nutzung der Messel-Formation
Dr. Reinhard Heil

C
27 Die Bergung der Fossilien in der Grube Messel
Dr. Detlev Graner

D
37 Präparation von Fossilien aus der Grube Messel
Horst Gottfried Lippmann

E
59 Pflanzenfossilien der Messel-Formation
Dr. Carmen Heunisch

F
71 Die Fauna der Messel-Formation
Prof. Dr. Wighart v. Koenigswald

G
143 Wissenschaftliche Literatur zur Messel-Formation
Horst Gottfried Lippmann und Prof. Dr. Wighart v. Koenigswald

159 Nachwort
Dr. Reinhard Heil

162 Dank

Vorbemerkung

Reinhard Heil

Etwa 9 km nordöstlich Darmstadts liegt der Ort Messel, in dessen näherer und weiterer Umgebung Schichten des Alttertiärs vorkommen, in denen in früherer Zeit ein Bergbau auf Braunkohle und Ölschiefer umging, so in der bei dem Ort Messel gelegenen Grube Messel. Fossilienfunde führten zur genaueren Einstufung der alttertiären Schichtenabfolge, der „Messeler Schichten". Diese Bezeichnung wurde vor einiger Zeit gemäß einer Empfehlung der Stratigraphischen Kommission der Deutschen Union der Geologischen Wissenschaften durch „Messel-Formation" ersetzt (Z79).

Die Erhaltung der Fossilien im bergfeuchten Ölschiefer ist vorzüglich. Seitdem verbesserte Methoden der Präparation den Besonderheiten des Ölschiefers Rechnung tragen, können daraus auch hervorragende Dauerpräparate angefertigt werden. Weit über Fachkreise hinaus bekannt wurde die Messel-Formation mit ihren Fossilien aber erst, als in der Grube Messel eine Mülldeponie eingerichtet werden sollte. Das rief viele Gegner des Vorhabens auf den Plan und führte zu einem bis heute andauernden politischen, auch gerichtlich ausgetragenen, Streit.

A

Zur Geologie der Messel-Formation

Reinhard Heil

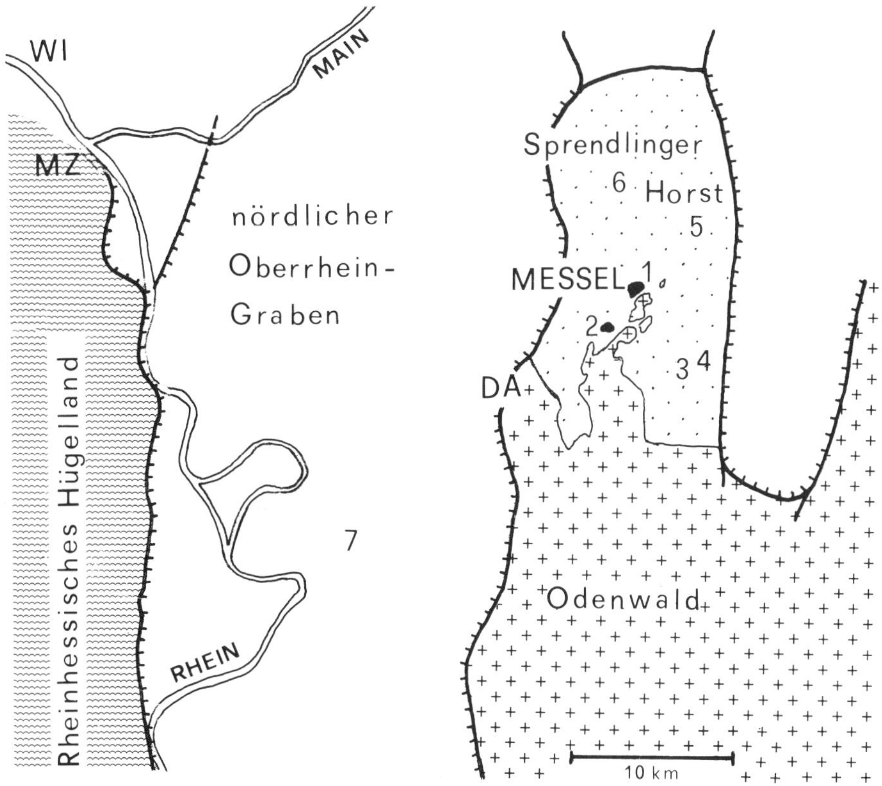

A1 Das Vorkommen der Messel-Formation auf dem Sprendlinger Horst und im Oberrhein-Graben:

1 Grube Messel,
2 Grube „Prinz von Hessen",
3 + 4 Bohrungen zwischen Gundernhausen und Dieburg,
5 Bohrungen und Schurf beim Forsthaus Thomashütte,
6 Bohrungen und Aufschlüsse bei Offenthal,
7 Erdölbohrung Stockstadt 5.

Die Gesteine der Grube Messel und ihrer Umgebung

In der Umgebung der Grube treten die Gesteine des Grundgebirges des Odenwaldes zu Tage (Abb. A 2): im Süden der Grube Diorit mit eingeschalteten Granophyrgängen, im Norden Granodiorit. Etwa 1 km östlich der Grube kommt schiefriger Amphibolit mit einem Granophyrgang vor. Das im Erdaltertum (Abb. A 3) entstandene Grundgebirge ist im übrigen von Rotliegendem, der jüngsten Bildung des Erdaltertums, bedeckt. Die Schichten des Rotliegenden überlagern das Grundgebirge mit unterschiedlicher Mächtigkeit: Arkosen, Sandsteine, Konglomerate und Tonsteine, alles Ablagerungsgesteine, entstanden durch die Umlagerung von Verwitterungsschutt der älteren Gesteine der näheren Umgebung (169).

Die Gesteine des Grundgebirges und des darüber ausgebreiteten Rotliegenden werden in der Grube Messel von in der Tertiärzeit abgelagerten Schichten bedeckt, die durch Absenkung in einem tektonischen Graben erhalten sind; es ist dies die Messel-Formation, bestehend aus den Liegenden klastischen Sedimenten, dem Ölschiefer und der Braunkohle darüber und den Hangenden klastischen Sedimenten zum Abschluß der Folge (Abb. A 4). Tierische und pflanzliche Fossilien, vor allem des Ölschiefers und der Braunkohle, ergeben mitteleozänes Alter. Ebenfalls alttertiär sind die Basaltdurchbrüche nordöstlich der Grube, die wohl tektonische Schwächezonen bezeichnen (155 a). Sande des Eiszeitalters (Pleistozän) und die Ablagerungen der Jetztzeit (Holozän) entlang der Bachläufe sind die jüngsten Bildungen. Das Gelände des heutigen Tagebaus war versumpft. Hier kam es zur Bildung von Raseneisenerz innerhalb der pleistozänen Schichten.

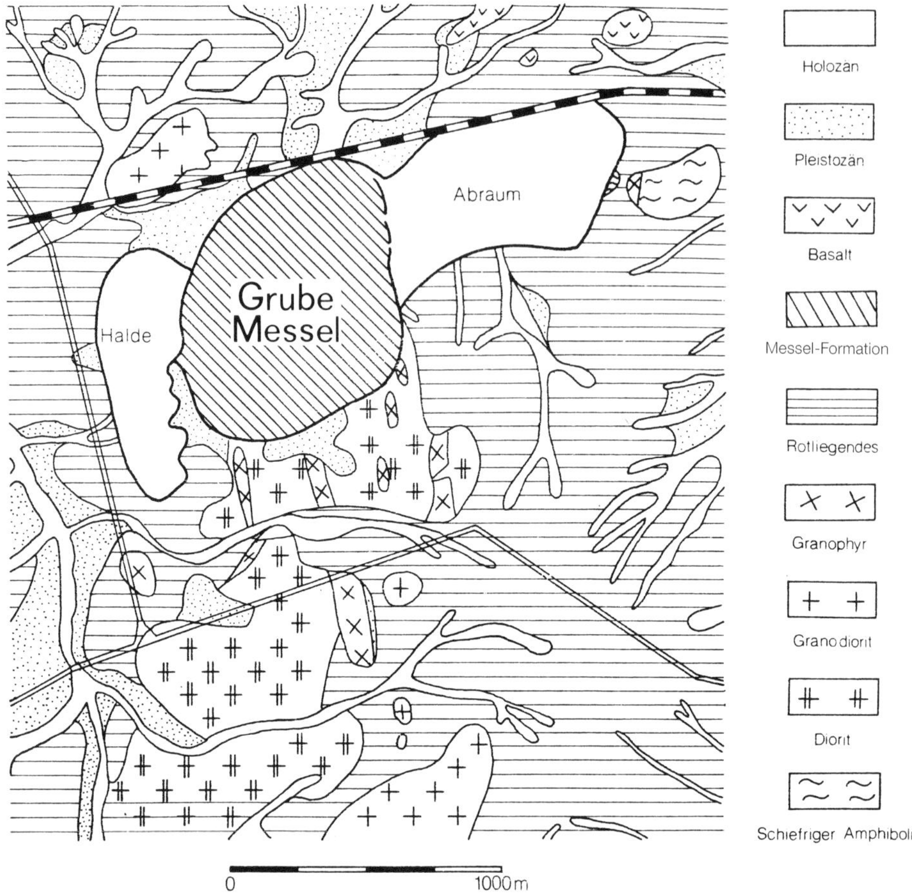

A2 Geologische Kartenskizze der Umgebung der Grube Messel (nach MATTHESS – 169).

Die Messel-Formation der Grube Messel

Die Liegenden klastischen Sedimente der Messel-Formation bestehen aus wenig umgelagerten Verwitterungsprodukten der Gesteine des Grundgebirges und des Rotliegenden, dazu kommen Kies-, Sand- und Tonlagen, also Ablagerungen fließender Gewässer. Die Liegenden klastischen Sedimente sind nicht immer einwandfrei von den Bildungen des Rotliegenden zu unterscheiden. Die Mächtigkeit schwankt von weniger als 1 m bis 24,5 m. Am Rande der Grube streichen die Schichten zu Tage oder sind nur von einer dünnen Lage pleistozäner Bildungen verhüllt. Die Sedimente enthalten häufig Pyrit und sind manchmal kalkhaltig.

Die größte Mächtigkeit des darauf lagernden Ölschieferflözes beträgt annähernd 190 m (169). Im untersten Teil des Flözes wechsellagern mit dem Ölschiefer sandig-tonige Gruslagen, die den Liegenden klastischen Sedimenten gleichen. Derartige Lagen ragen auch zungenförmig von den Rändern des Vorkommens in das Flöz hinein, besonders im Norden, Nordosten und Südosten. Unmittelbar über dem Ölschiefer fanden sich bis 5 m mächtige Lagen eines schwarzen Tones, der wohl aus dem Ölschiefer durch Verwitterung hervorgegangen war, wechsellagernd mit kleinen Braunkohlenflözen. Dieser schwarze Ton mit eingeschalteten Braunkohlenflözchen wurde bei der Erschließung der Lagerstätte so gut wie vollständig abgeräumt und auf die im Nordosten an den Tagebau anschließende Halde befördert.

Dies gilt auch für die ursprünglich darüber lagernden Hangenden klastischen Sedimente der Messel-Formation. Es waren Tone und tonige Sande, die in drei Mulden im Ostteil des Vorkommens (Abb. A 4) bis etwa 30 m mächtig wurden. Aus dem Mineralgehalt konnte man schließen, daß es sich um verwitterten und umgelagerten Ölschiefer handelte. Die Zugehörigkeit zur Messel-Formation ergab sich aus dem Pollenspektrum.

Aus Mitteln des Hessischen Kultusministers wurden von August bis Dezember 1980 im Ölschiefer der Grube Messel fünf Kernbohrungen unter der wissenschaftlichen Leitung des Hessischen Landesmuseums niedergebracht (Abb. A 5), von denen vier das Rotliegende erreichten, von diesen wiederum eine darüber hinaus das Grundgebirge. Die daran anschließenden Untersuchungen vertieften und vervollständigten das durch die Grabungen gewonnene Bild (279).

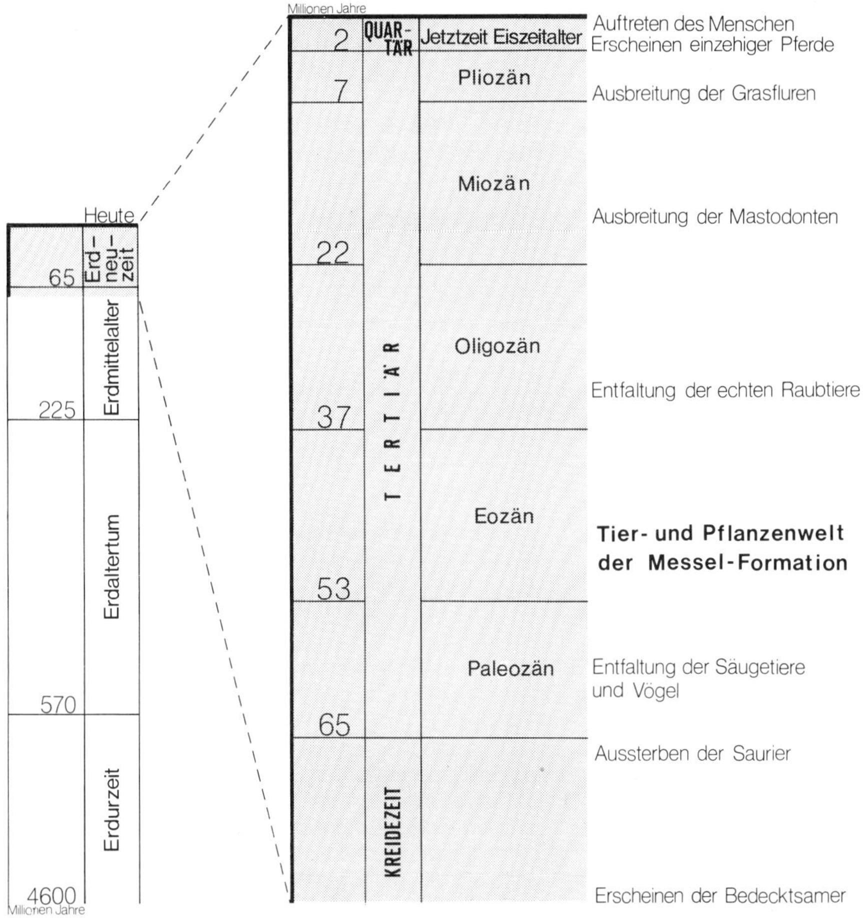

A3 Die Stellung der Tier- und Pflanzenwelt der Messel-Formation im Zeitablauf der Erd- und Lebensgeschichte (aus 105).

Die Messel-Formation der Grube »Prinz von Hessen«

Dieses östlich von Darmstadt gelegene Vorkommen der Messel-Formation (Abb. A 1 und B 4) ist in einem kleinen tektonischen Graben im Rotliegenden erhalten. Hier ging 1916 bis 1924 ein Tagebaubetrieb um, der Darmstadt und Umgebung mit Hausbrand versorgte. In dem 18 m tiefen Tagebau lagerten über stark gebleichten Schichten des Rotliegenden im Ostteil 5–7 m Ölschiefer und im Westteil ein bituminöser schwarzer Ton wechselnder Mächtigkeit. Darüber folgten 11–12 m erdige Braunkohle wechsellagernd mit einem bituminösen schwarzen Ton (103). In dieses Flöz waren Lagen von brotlaibartigen Quarzit- und Toneisensteinknollen eingeschaltet, die Reste von Fischen, Schildkröten und Krokodilen enthielten. Im obersten Teil des Flözes fanden sich zwei durchschnittlich 12 cm mächtige Quarzitbänke mit Resten von Nadelhölzern und Palmen (184). Diese Bänke bestanden aus Kohlenmasse, die von Kieselsäure durchdrungen war. Den Abschluß des Kohlenlagers bildete Braunkohle mit mehreren Lagen von Toneisenstein, der Abdrücke von Blättern und von Pflanzenhäcksel enthielt. Die wellenförmige Oberfläche der Lagerstätte war überstreut mit verkieselten Stammstücken von Nadelbäumen.

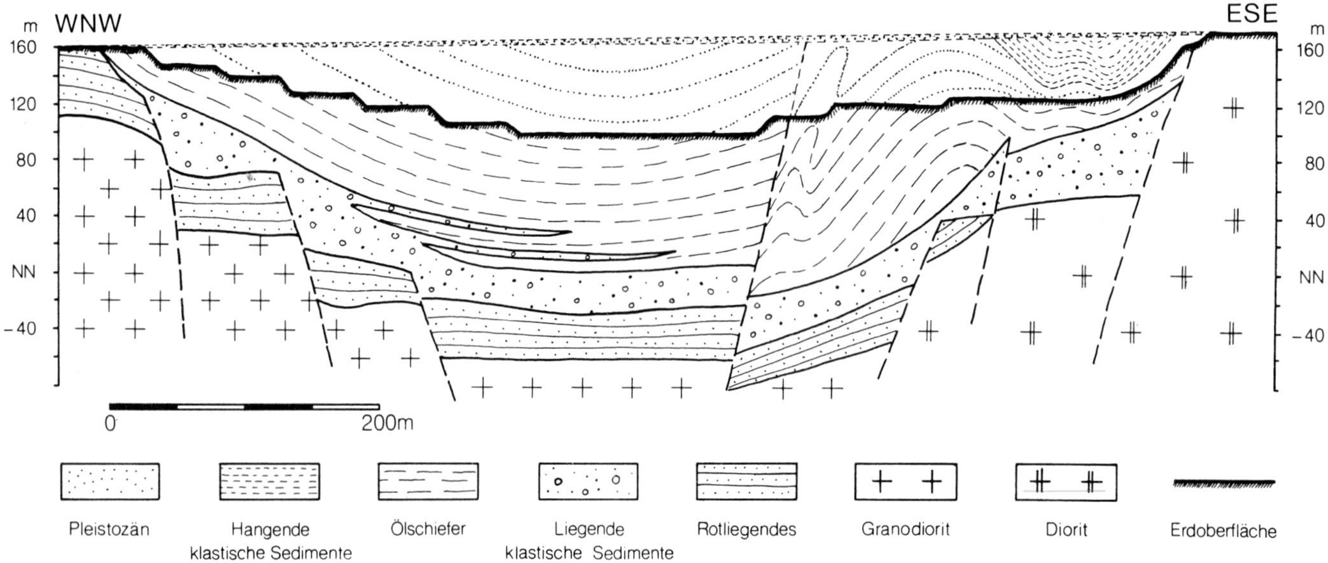

A4 Geologischer Schnitt durch die Grube Messel von Westnordwest nach Ostsüdost (nach MATTHESS – 169)

A5 Eine der Forschungsbohrungen des Hessischen Kultusministers in der Grube Messel: Bohrung 2 auf der 5. Sohle im Südosten der Grube (Dezember 1980).

Die Verbreitung der Messel-Formation

Die heutige Ausdehnung der Messel-Formation der Grube Messel und der Grube „Prinz von Hessen" fällt nicht mit den ursprünglichen Ablagerungsbereichen zusammen; es sind jeweils Ausschnitte aus diesen Bereichen, die durch spätere örtliche tektonische Bewegungen in größere Tiefen versenkt wurden und so vor der verstärkten Erosion in der Nähe des Rheingrabens infolge der hier im Laufe der Zeit einsetzenden Hebungen bewahrt blieben.

Weitere Vorkommen der Messel-Formation wurden bei Urberach (Grubenfelder „Eugen" und „Max"), bei Gundernhausen (Grubenfeld „Zimmern") und bei Offenthal (Grubenfeld „Maria") festgestellt. Bevor das Grubenfeld „Maria" im Dezember 1884 in das Eigentum der Gewerkschaft Messel überging, wurde hier vorübergehend im Tagebau „Braunkohle" gewonnen. Alle diese Vorkommen der Messel-Formation sind wesentlich geringer mächtig als in der Grube Messel und entsprechen nur Teilen der Schichtenfolge in der Grube Messel. Bei Stockstadt a. Rh. in über 1700 m Teufe erbohrte Ölschiefer gleichartiger Ausbildung und Lagerung geben Hinweise auf die ursprüngliche Verbreitung der Messel-Formation.

Der Ölschiefer der Grube Messel

Der Ölschiefer ist ein bituminöser Tonstein (Abb. A6), bergfeucht tiefschwarz über dunkelgraubraun bis grünlichgrau, von erdigem, seltener muscheligem Bruch und blaß gelblichbraunem Strich. Der fossilienführende Ölschiefer ist feingeschichtet. Tonige bituminöse dunkle Lagen sind durch tonige bitumenfreie helle Zwischenlagen voneinander getrennt. Die durchschnittliche Dicke einer Hell/Dunkel-Lage beträgt 0,1 mm. Wäre dieser Wechsel eine Jahreszeiten-Schichtung, so würde die Gesamtmächtigkeit des Ölschiefers (190 m) einem Zeitraum von zwei Millionen

PREUSSAG

A6 Feingeschichteter Ölschiefer der Grube Messel.

Jahren entsprechen (116). Trocknet das Gestein aus, so nimmt es zuerst ein gelbbraunes, schließlich ein gelbgraues Aussehen an. Hierbei blättert das Gestein auf (daher »Schiefer« genannt), da die bituminösen und bitumenfreien Lagen infolge verschieden starker Wasserabgabe verschieden stark schrumpfen.

Der Ölschiefer enthält in bergfeuchtem Zustand etwa 40% Wasser und etwa 25% organische Substanz. Den Rest bilden Tonmineralien, vor allem Montmorillonit. Lagenweise (0,1 mm bis 1 cm mächtig) kommt Siderit vor (116). In geringen Mengen findet man außerdem Kaolinit, Vivianit, Pyrit, Markasit und Gips. Der nach Messel genannte Messelit der Messel-Formation erwies sich in den meisten Fällen als Anapait (37). Die organische Substanz besteht aus besonders sauerstoffreichen Kohlenwasserstoffen, die durch Lösungsmittel kaum zu extrahieren sind. Diese Kohlenwasserstoffe sind adsorptiv an Montmorillonit gebunden. Bei einer Verschwelung (Erhitzung unter Luftabschluß: in Stufen bis auf etwa 900°C) wird etwa ⅓ der organischen Substanz freigesetzt. So gewann man durch Verschwelung aus dem Ölschiefer der Grube Messel bis 1962 Vergaser- und Dieselkraftstoff, Heizöl, Paraffin, Elektrodenkoks, Rohphenole und Pech. Als Nebenprodukte fielen Ammoniumsulfat und Tumenol (ein Stoff zur Bereitung von Teersalbe) an.

Der Ölschiefer enthält körperlich erhaltene Reste von Pflanzen und Tieren: Blätter, Früchte, Zweige, Holzstücke, Schwamm-Nadeln, Reste von Insekten und anderen Gliederfüßlern, Reste von Wirbeltieren; bei letzteren können nicht nur Knochen und Zähne, sondern auch Weichteile, wie Haut, Haare oder Federn erhalten sein. Diese Weichteile sind allerdings nur noch als lithifizierte Bakterienrasen überliefert (302). Die sandig-tonigen Linsen im Ölschiefer enthalten oft größere Fossilien; auch in den tonig-sandigen Zwischenlagen am Rande des Ölschiefers kommen Fossilien vor. Siderit und Schwefeleisen (Pyrit und Markasit) treten in der unmittelbaren Umgebung größerer tierischer Fossilien und in diesen selbst gehäuft auf. Die meisten der im Ölschiefer selbst enthaltenen Fossilien werden durch das mitunter sehr rasche Austrocknen und damit Zerreißen und Aufblättern des sie auch nach der Bergung noch umgebenden Ölschiefers zerstört, so daß eine erste Maßnahme der Konservierung darin bestehen muß, das Ölschieferstück mit dem darin enthaltenen Fossil feucht zu halten (siehe auch Kap. D). Die Fossilien sind ziemlich gleichmäßig im Ölschiefer verteilt, doch gibt es Bereiche gehäuften Auftretens bestimmter Tier- und Pflanzenarten wie auch Partien des fast gänzlichen Fehlens von Fossilien.

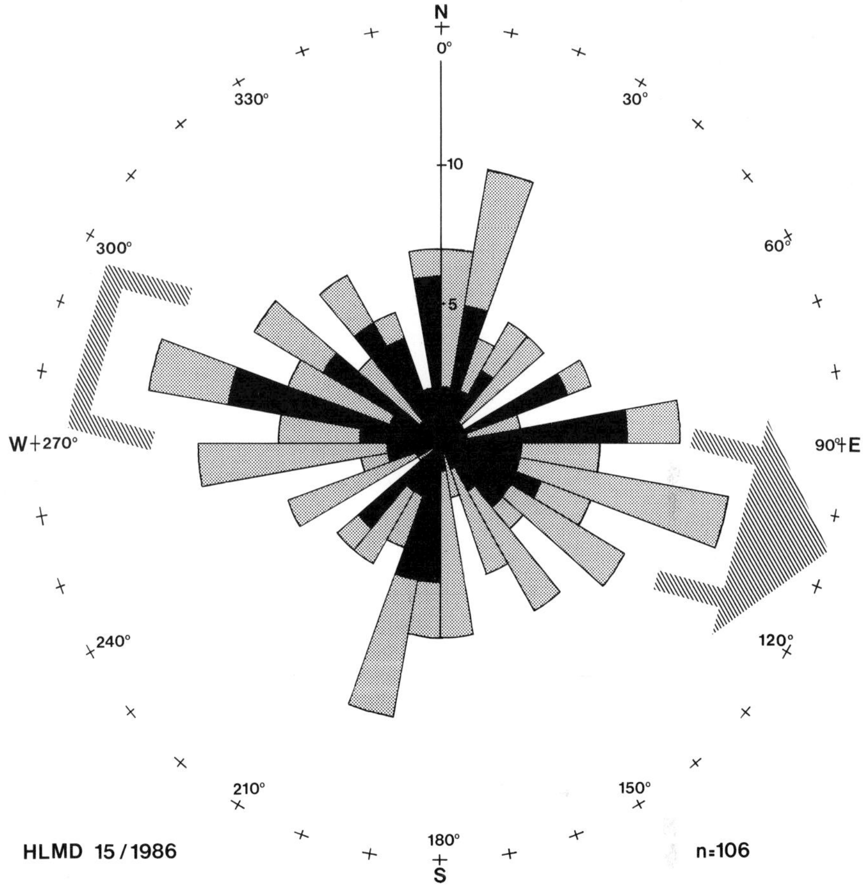

A7 Einregelungsmessungen an Fischen und die daraus erschlossene Richtung der Wasserbewegung. Auf der Grabungsstelle HLMD 15/1986 wurden 106 Fische eingemessen.

Die Entstehung des Ölschiefers

In der Zeit des Mitteleozäns traten im Gebiet um das heutige Messel Rotliegendes oder auch schon Grundgebirge zu Tage. Die Landschaft war von Flüssen mit geringer Strömung durchzogen, die eine Kette von Süßwasserseen miteinander verbanden. Diese Seenbecken waren durch örtliche tektonische Absenkungen entstanden, Vorläufer der später einsetzenden Bildung des Rheingrabens. Die Seen blieben so lange erhalten wie die Absenkungen andauerten und die ständige Auffüllung durch hineingeschwemmtes und aus dem See selbst stammendes Sediment wettmachten. Das Grundgerüst des Ölschiefers der Grube Messel und der anderen Vorkommen bildet die in den See hineingeschwemmte Tontrübe; die organische Substanz stammt vor allem von fetthaltigen Algen, in geringem Maße wohl auch von Pilzen und Pollen. Die in den oberen Wasserschichten lebenden Algen führten durch ihr Absterben zu einem ständigen, zeitweilig verstärkten Herabschweben zerfallender organischer Substanz. Dadurch kam es in den tieferen Wasserschichten zur Sauerstoffzehrung und zur Bildung von Schwefelwasserstoff, Kohlendioxid und Methan. Lebensfeindliche Verhältnisse herrschten also nur in den tieferen Bereichen des Sees, von dessen Schlamm die Bildung des Ölschiefers ihren Ausgang nahm. Die Leichen von Tieren, die hier zu Boden sanken, blieben so vor einer Zersetzung durch Aasfresser bewahrt und erhielten sich bis zum heutigen Tage, außer daß eine mehr oder weniger starke Zusammenpressung stattfand, weitgehend so, wie sie auf dem Boden des Sees zur Ablagerung gelangt waren. Dies gilt für Fische, die in den höheren, sauerstoffreichen Wasserschichten gelebt hatten, für Tiere der Uferregion des Sees, der einmündenden Zuflüsse und des umgebenden Landes. Das gleiche gilt für Blätter und sonstige Teile von Pflanzen. Nur da, wo größere Rutschungen in dem kaum verfestigten Seeboden stattfanden, sind die eingebetteten Reste der Lebewesen zerstört. Im Zuge der Grabungen vorgenommene Einregelungsmessungen an Fischen (57, 58, 73) (Abb. A 7) zeigen, daß der damalige See in älterer Zeit einen Zufluß im Nordosten hatte und in jüngerer Zeit einen Zufluß im Nordwesten (57, 58, 73). Darauf weist auch die beobachtete Verteilung von Fischen, Insekten und Pflanzenresten im Ölschiefer hin (57, 58, 73, 158). Einmessungen von Abrißmarken und die darauf beruhende Rekonstruktion von Linien gleicher See-Tiefe (57, 58, 73) ergänzen das so gewonnene Bild (Abb. A8).

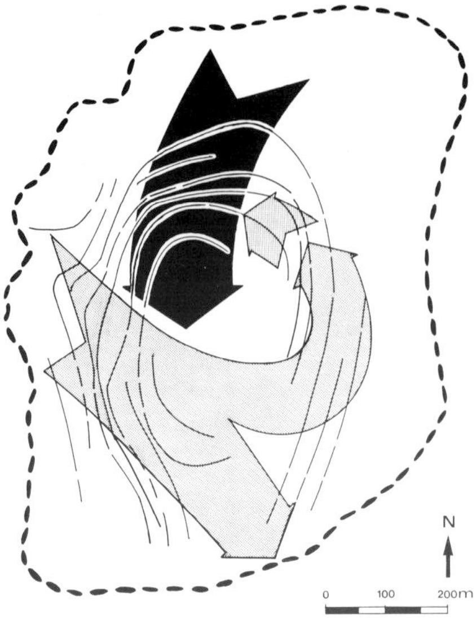

A8 Rekonstruktion von Strömungsverhältnissen und von Linien gleicher See-Tiefe im Bereich der Grube Messel (aus: FRANZEN, WEBER, WUTTKE – 73)

Schließlich ließen die Absenkungen nach, die Auffüllung gewann die Oberhand, die Durchlüftung der flacher werdenden Seen nahm zu, die Seen verlandeten. Dabei kam es zur Bildung der Braunkohle.

B

Die bergbauliche und weitere Nutzung der Messel-Formation

Reinhard Heil

B1 Grube Messel, Januar 1966: Abbaustoß mit Löffelbagger und Vorbrecher (links davon) auf der 5. Sohle.

Der Tagebau Grube Messel

Zufällig entdecktes Raseneisenerz an den Wurzeln gefällter Bäume in der Zeilharder Waldgemarkung führte 1859 zur Verleihung eines bei der Bahnstation Messel gelegenen Grubenfeldes »Messel I« auf Eisenstein an Robert Bruns-Wüstefeld zu Rüdesheim, der es an eine Aktiengesellschaft für Bergbau und Hüttenbetrieb Rhein-Main und Lahn zu Darmstadt veräußerte, die sich 1862 das unmittelbar südlich anschließende Grubenfeld »Messel II« in der Spachbrücker Waldgemarkung ebenfalls auf Eisenstein verleihen ließ (10). 1871 erwarb Dr. Eugen Eberts diese Grubenfelder in der Zeilharder und Spachbrücker Waldgemarkung; er verkaufte sie 1873 an die neu gegründete Aktiengesellschaft Eisenhüttenwerk Michelstadt, in der er Direktor wurde. Verschiedene, zum Teil Jahrzehnte zurückliegende Beobachtungen über das Vorkommen von »Braunkohlen« in der Zeilharder Waldgemarkung veranlaßten Dr. Eberts zu Aufgrabungen in der Nähe der Bahnstation Messel, was zur Aufschließung eines derartigen Vorkommens führte. So wurde die Verleihung der Grubenfelder »Messel I« und »Messel II« 1875 auf Braunkohle ausgedehnt. Die geförderte Kohle entsprach aber als Feuerkohle nicht den in sie gesetzten Erwartungen. Auch eingeholte Gutachten über die Verwendbarkeit als Schwelkohle waren wenig ermutigend. Die beiden Grubenfelder wurden schließlich 1883 an

B2 Grube Messel, Oktober 1971: Blick auf die 6. Sohle und den Grubenrand im Nordwesten.

Carl David Schulze zu Berlin und von diesem im selben Jahr an den Bankier Cäsar Straus zu Frankfurt a. M. verkauft. Dieser erwirkte hierzu die Genehmigung zur Anlage einer »Braunkohlen-Theer-Schwelerei und Theerdestillation« in den Gemarkungen Georgenhausen und Klein-Zimmern. Straus brachte schließlich das erworbene Bergwerkseigentum der Felder »Messel I« und »Messel II« nebst allen Maschinen und sonstigen Einrichtungen sowie Betriebskonzessionen in ein Konsortium ein, das sich am 24. Juni 1884 in Frankfurt a. M. zur Ausbeutung der zu gewinnenden Bergprodukte und zur Anlegung sowie zum Betrieb einer Mineralöl- und Paraffinfabrik vereinigte. Am 24. Juli 1884 wurde so die Gewerkschaft Messel mit Sitz auf Grube Messel in der Zeilharder Waldgemarkung, Kreis Dieburg, auf Grund des Berggesetzes für das Großherzogtum Hessen vom 28. 1. 1876 gegründet. Es war eine Aktiengesellschaft mit einem Kapital von 1350 Mark je Kux, zusammen 1 350 000 Mark. Zum Repräsentanten wurde Dr. Adolf Spiegel gewählt, der diese Stellung bis zum Eintritt in den Ruhestand 1921 innehatte. Zu den Feldern »Messel I« und »Messel II« erhielt das Unternehmen 1908 auf Grund eigener Bohrungen das Schürf- und Gewinnungsrecht auf Braunkohle für das nördlich anschließende Feld »Messel Fortsetzung«. Im Bereich dieser drei zusammenhängenden Felder lagen alle Fabrikanlagen, der Grubenbetrieb, die Abraum- und die Rückstandshalden und die Wohnsiedlung der Grube Messel. In der Umgebung dieser drei aneinandergrenzenden Grubenfelder, in dessen Mitte der Tagebau Grube Messel liegt, ließ Dr. Spiegel in dem Bestreben, die Rohstoffbasis zu vergrößern, im Laufe der Zeit viele Bohrungen niederbringen. So wurden weitere Vorkommen der in der Grube Messel anstehenden Schichten entdeckt und der Gewerkschaft Messel folgende Felder auf Braunkohle verliehen: »Maria« bei Offenthal (1884), »Zimmern« in den Gemarkungen Groß-Zimmern und Gundernhausen (1894), »Eugen« und »Max« bei Eppertshausen (1894) sowie »Prinz von Hessen« nahe dem Forsthaus Einsiedel im Darmstädter Stadtwald (1909). In allen Fällen handelt es sich um wesentlich kleinere Vorkommen als das der Grube Messel, ein Abbau erschien nur zeitweilig im Grubenfeld »Prinz von Hessen« lohnend.

In den ersten Jahren des Abbaus in der Grube Messel wurde der von Hand gebrochene Ölschiefer in Grubenwagen mit Pferdegespannen durch den Wald zur Fabrik gefahren. 1889 wurde die Förderung mit einer Kettenbahn (auf Schienen laufende Grubenwagen, die von einer endlosen Kette gezogen wurden) in Betrieb genommen. Deren Fahrstrecke verlief, zuerst übertägig, geneigt in einem Einschnitt in den Deckschichten des Ölschiefers, dann untertägig im Ölschiefer selbst, zuerst ebenso einfallend, dann in 30 m Tiefe söhlig verlaufend. Von dieser Hauptförderstrecke waren ebenso söhlig verlaufende seitliche Nebenförderstrecken vorangetrieben. Von den untertägigen Nebenstrecken aus wurden sog. Roll-Löcher mit einem Ø von 40 cm 30 m bis zur Oberfläche des Lagers senkrecht hochgetrieben. An ihrem unteren Ende waren die Roll-Löcher mit einer eisernen Klappe verschließbar. An der Oberfläche des von den Deckschichten freigeräumten Ölschiefers hackten die Bergleute um ein Roll-Loch herum den Ölschiefer los und ließen ihn durch die Roll-Löcher in darunter haltende Grubenwagen rutschen. So bildeten sich mit der Zeit um die Roll-Löcher an der Oberfläche der Lagerstätte trichterförmige Vertiefungen, die einen oberen Ø von 40 m und mehr erreichten.

Im Jahre 1913 wurde der erste elektrische Löffelbagger auf Schienen beschafft. Nun begann man, den Ölschiefer zunehmend übertägig in 10 m hohen Abbauscheiben abzubauen. Der daneben weitergeführte Rollochbetrieb wurde erst 1923 aufgegeben. Bis 1921 wurden die zwischen den Rollochtrichtern stehengebliebenen Rippen von Ölschiefer, für deren Abbau die höchstens 13 m betragende Schnitthöhe der Bagger nicht ausreichte, von Hand beseitigt, der gehauene Ölschiefer mit eisernen Förderbändern in die Trichter befördert und untertägig in die Grubenwagen abgezogen. Löffelbagger waren bis zur Auflassung der Grube im Jahre 1971 in Betrieb: Der Bagger riß den Ölschiefer aus der senkrechten Wand und entlud den Inhalt seines Löffels in einen Trichter, von dem aus die Wagen der Kettenbahn gefüllt wurden. Da die Ölschieferschichten mehr oder weniger zur Grubenmitte hin einfallen und der Abbau von der Mitte nach außen erfolgte, waren Rutschungen von größeren

B3 Grube Messel, August 1975: Blick auf die wasserbedeckte 6. Sohle und den Grubenrand im Nordwesten.

Ölschieferpartien nicht selten, so daß mitunter dadurch sogar Bagger, Trichter und Kettenbahn verschüttet wurden. 1941 wurde der erste elektrische, mit Raupen ausgerüstete Löffelbagger erworben. In den Jahren von 1950 bis 1960 wurde abschnittsweise der Kettenbahnbetrieb auf Bandförderung umgestellt.

Im Oktober 1923 erfolgte die Eingliederung der Gewerkschaft Messel in die Hugo Stinnes-Riebeck Montan- und Ölwerke AG in Halle a. d. S. Diese gehörten als A. Riebeck'sche Montanwerke AG zur I. G. Farbenindustrie AG seit deren Gründung am 9. 12. 1925. So stand die Gewerkschaft Messel bis 1945 unter Riebeckscher Verwaltung. Nach dem Ende des Zweiten Weltkriegs wurden am 5. 7. 1945 Grube und Werk von der amerikanischen Militärregierung beschlagnahmt; sie standen bis zum 31. 12. 1954 unter deren Aufsicht. Bevor die ehemalige Riebecksche Betriebsstätte daraus entlassen wurde, mußte für sie eine neue Rechtsform gefunden werden. Der 24. 6. 1954 war der Gründungstag der Paraffin- und Mineralölwerk Messel GmbH mit Sitz in Klein-Zimmern, Ortsteil Grube Messel. Das Stammkapital betrug 4 Mio. DM.

Auf Grund der in Hessen mit Wirkung vom 11. 7. 1952 in Kraft gesetzten Rechtsvorschriften des in Preußen mit Wirkung vom 12. 5. 1934 erlassenen Erdölgesetzes und der Regelungen der sich daran anschließenden Erdölverordnung vom 13. 12. 1934 wurde vom Hessischen Oberbergamt in einer Bekanntmachung vom 15. 2. 1954 der Ölschiefer der Messel-Formation den Bestimmungen des Erdölgesetzes und der Erdölverordnung unterworfen und am 19. 10. 1954 mit Nachtrag vom 3. 8. 1957 ein entsprechender Schürf- und Gewinnungsvertrag zwischen der neugegründeten Paraffin- und Mineralölwerk Messel GmbH und dem Lande Hessen für alle der ehemaligen Gewerkschaft Messel auf Braunkohle verliehenen Gewinnungsfelder in wenig abgewandelter Ausdehnung abgeschlossen. Bis zum heutigen Tage unterliegen alle in dem Tagebau Grube Messel vorgenommenen Arbeiten der Aufsicht des Bergamtes.

Von der Gründung der Gewerkschaft Messel an stand das hier erschwelte Mineralöl unter dem Wettbewerbsdruck des erbohrten Erdöls. Die Jahre 1958 und 1959 ergaben trotz guter Produktion marktbedingte Betriebsverluste ohne Aussicht auf eine Änderung der Verhältnisse für die folgenden Jahre. Verhandlungen zwischen dem schwedischen YTONG-Konzern und den Gesellschaftern der Paraffin- und Mineralölwerk Messel GmbH führten am 9. 11. 1959 zu dem Anschluß an den schwedischen Konzern als YTONG Messel GmbH.[1]

Am 3. 3. 1962 wurde von der YTONG Messel GmbH die Verschwelung von Ölschiefer eingestellt. Noch bis Ende 1971 wurde aber Ölschiefer in beschränktem Maße gefördert zur Erzeugung elektrischer Energie. Bei Beginn der Förderung hatte die Lagerstätte einen Vorrat von rund 50 Mio. t Ölschiefer. Davon wurden bis zum Ende der Förderung etwa 20 Mio. t abgebaut. Man war beim Abbau des Ölschiefers auf der 6. Sohle, also etwa auf 60 m unter der ehemaligen Oberfläche der Lagerstätte angelangt.

B4 Grube „Prinz von Hessen" im Jahre 1922. Gut sind die senkrechten Roll-Löcher zu erkennen (aus 184).

Der Tagebau Grube »Prinz von Hessen«

Das Grubenfeld »Prinz von Hessen«, östlich von Darmstadt im Darmstädter Stadtwald nahe dem Forsthaus Einsiedel gelegen, wurde der Gewerkschaft Messel auf Grund von Bohrungen und anschließend vorgenommenen Schürfarbeiten 1909 auf Braunkohle verliehen. Da das Lager aber im Gegensatz zu dem der Grube Messel in der Hauptsache nicht aus – verschwelbarem – Ölschiefer bestand, sondern aus echter Braunkohle, die als Feuerkohle dienen konnte, wurde auf Betreiben Dr. Spiegels hin 1911 ein Konsortium zur Gründung einer neuen Gewerkschaft gebildet, an dem sich auch die Stadt Darmstadt beteiligte. 1912 und 1913 unternahm die Gewerkschaft Messel umfangreiche Arbeiten zur Aufschließung der Lagerstätte. Schließlich wurde im Mai 1916 die Gewerkschaft »Prinz von Hessen« gegründet und ihr am 20. 11. 1916 auch das Bergwerkseigentum übertragen. Dr. Spiegel war Repräsentant auch dieser Gewerkschaft. Der Tagebau Grube »Prinz von Hessen« kam in den letzten Jahren des Ersten Weltkriegs in Betrieb (B 4).

Die Mächtigkeit des muldenförmigen und einfallenden Flözes betrug 16 m unter 3 bis 35 m Überdeckung. Der Abraum wurde östlich der Lagerstätte auf einer Niederung abgekippt. Der Tagebau erreichte 18 m Tiefe. Der Abbau der Kohle erfolgte im Rollochbetrieb. Die geförderte Braunkohle diente ohne weitere Aufbereitung vor allem der Versorgung der Darmstädter Bevölkerung mit Hausbrand. Mit der Besserung der allgemeinen Verhältnisse nach dem Ersten Weltkrieg konnte die Braunkohle aus der Grube »Prinz von Hessen« sich nicht mehr gegenüber hochwertigeren Hausbrandstoffen behaupten und der Betrieb der Grube mußte Ende 1924 eingestellt werden. Der aufgelassene Tagebau füllte sich im Laufe einiger Jahre mit Wasser. Der so entstandene kleine See dient seitdem als Fischwasser und Badeteich.

1
Der YTONG-Konzern war seit dem 1. 11. 1949 durch eine Lizenzvergabe zur Herstellung von Bauteilen aus Porenbeton aus dem Rückstand der Verschwelung des Ölschiefers mit dem damals unter der Aufsicht der amerikanischen Militärregierung stehenden Werk, später auch mit der Paraffin- und Mineralölwerk Messel GmbH verbunden, was 1951 zum Bau einer Fabrikationsanlage für Bauteile aus Porenbeton (YTONG-Werk I) in der Nähe der alten Werksanlage führte.

Die Fossilienfunde beim Abbau von Braunkohle und Ölschiefer

Die ersten in der Literatur erwähnten Fossilienfunde aus der Messel-Formation sind die im Beisein von Rudolph Ludwig am 30. 12. 1875 in einer neu von Dr. Eberts angelegten Grube in der Nähe der Bahnstation Messel ausgegrabenen Teile eines Krokodils. Die von nun an immer wieder gefundenen Fossilien wurden, soweit die Arbeiter sie nicht mutwillig an Ort und Stelle zerschlugen, in alle Welt zerstreut und gingen so, auch infolge ihrer schlechten Konservierbarkeit (siehe die folgenden Beiträge), der wissenschaftlichen Forschung fast gänzlich verloren. Zur Besserung dieser unbefriedigenden Verhältnisse setzte sich um die Jahrhundertwende Dr. Spiegel, bis 1921 Repräsentant der Gewerkschaft Messel wie der Gewerkschaft »Prinz von Hessen«, stark dafür ein, daß die Funde mit der Auflage der wissenschaftlichen Bearbeitung dem Großherzoglichen Landesmuseum in Darmstadt zugeführt wurden. Dr. Spiegel sammelte selbst und ließ Fossilien bergen und schuf so zusammenwirkend auf Grund vertraglicher Abmachungen mit der Geologisch-Mineralogischen Abteilung des Museums, vertreten durch Geheimrat Lepsius, die Voraussetzungen für die wissenschaftliche Bearbeitung der von nun an in großer Zahl geborgenen Funde. Es bestand so während vieler Jahre bis zum 30. Juni 1978 ein die Fundbergung regelndes vertragliches Verhältnis zwischen dem jeweiligen Bergwerkseigentümer der Grube Messel und dem Hessischen Landesmuseum.

Als mit dem Einsatz des ersten Löffelbaggers 1913 der Abbau des Ölschiefers von Hand zunehmend durch Baggerbetrieb ersetzt wurde, war ein Rückgang der Funde nach Anzahl und Beschaffenheit zu verzeichnen. Trotzdem konnten auch in den folgenden Jahrzehnten viele Fossilien von der Werksleitung sichergestellt werden. Diese Funde bildeten zusammen mit denen aus älterer Zeit die Grundlage für zahlreiche Veröffentlichungen von Wissenschaftlern des Hessischen Landesmuseums oder von auswärtigen Spezialisten (siehe Kap. G). Die Gewerkschaft Messel und ihre Nachfolger bis hin zum YTONG-Konzern unterstützten für diese Zwecke das Hessische Landesmuseum während all dieser Jahre in vorbildlicher Weise mit Geld- und Sachmitteln.

Die Grabungen nach Fossilien

1966 und 1967 fanden die ersten planmäßigen Grabungen nach Fossilien in der Grube Messel statt. Sie wurden von der Geologisch-Paläontologischen & Mineralogischen Abteilung des Hessischen Landesmuseums durchgeführt und standen unter der örtlichen Leitung von E. KUSTER-WENDENBURG (149). Weitere Grabungen des Hessischen Landesmuseums folgten bis zur Auflassung der Grube Ende 1971.

Um diese Zeit begann es, daß die Grube von Fossiliensammlern aufgesucht wurde. Zuerst waren es nur wenige. Spektakuläre Funde, wie der eines vollständigen Unpaarhuferskelettes, und die im Zusammenhang damit genannten ganz ungewöhnlichen Preise führten zu einem wahren Ansturm von mehr oder weniger qualifizierten Sammlern; an manchen Wochenenden waren Hunderte von Menschen in dem aufgelassenen Tagebau und gruben, oft ungenügend ausgerüstet, im Ölschiefer nach Fossilien. Gründe der Sicherheit und der Haftung führten schließlich Ende 1974 auf Betreiben des Bergwerkseigentümers, der YTONG GmbH, dazu, daß die Grube vom zuständigen Bergamt für die Öffentlichkeit gesperrt wurde.

In den Jahren seit 1975 graben dort Mannschaften des Königlich-Belgischen Naturwissenschaftlichen Museums, Brüssel, des Hessischen Landesmuseums, Darmstadt (Abb. B 5), des Naturkundemuseums der Stadt Dortmund, des Forschungsinstituts und Naturmuseums Senckenberg, Frankfurt a. M., des Geologisch-Paläontologischen Instituts der Universität Hamburg und der Landessammlungen für Naturkunde Karlsruhe. Die Grabungen stehen unter der Aufsicht des zuständigen Bergamtes.

Nach dem Auflassen des Tagebaues Ende 1971 war bald die tiefste (6.) Sohle von Wasser bedeckt, dadurch daß das dort ständig zufließende Wasser nun nur noch zum Teil abgepumpt wurde. Die 1975 einsetzenden Grabungen der Institute waren also auf die Hänge der Grube beschränkt. Erst nachdem 1984 begonnen worden war, die 6. Sohle in einigen Abschnitten freizupumpen, wurden seit 1985 auch dort Grabungen vorgenommen.

Während die Grabungen der privaten Sammler ausschließlich auf die Gewinnung größerer Fossilien gerichtet waren, ist bei den Grabungen der wissenschaftlichen Institute mehr oder weniger das Bestreben erkennbar, das gesamte Spektrum der vorkommenden Fossilien, also auch Früchte, Insekten u. a., sowie die besonderen Formen der Einbettung zu erfassen, um so ein Bild des gesamten Lebens zu gewinnen.

Die Ergebnisse der bis jetzt vorgenommenen Grabungen lieferten bedeutende Beiträge zur Kenntnis eines wichtigen Abschnitts der Geschichte des Lebens auf unserer Erde. Bei einer Fortsetzung dieser Grabungen und ihrer wissenschaftlichen Auswertung ist mit einer Fülle weiterer Erkenntnisse zu rechnen.

Von August bis Oktober 1976 unternahm das Hessische Landesmuseum auf Anregung und mit Unterstützung des Zweckverbandes Abfallbeseitigung Grube Messel eine Versuchsgrabung in der Gemarkung Ober-Roden, nordwestlich des Forsthauses Thomashütte in der dort etwa 2 m unter Flur anstehenden Messel-Formation (Grubenfeld „Eugen"). Aus dem hier angetroffenen umgelagerten Ölschiefer wurden schlecht erhaltene Fische, meist nur in Bruchstücken, Koprolithen und Pflanzenreste geborgen.

Die Vorbereitungen zur Einrichtung einer Mülldeponie in der Grube Messel

1971 lief die Förderung von Ölschiefer in der Grube Messel aus, und man machte sich Gedanken darüber, wie es weitergehen sollte. Rekultivierung des Geländes oder Wiederaufnahme des Bergbaus, Nutzung der Grube als Brauchwasserlieferant und Verfüllung mit Müll standen zur Debatte. Das hydrogeologische Gutachten des Hessischen Landesamtes für Bodenforschung vom 16. 3. 1971 stellte fest, daß die Grube Messel unter Beachtung gewisser Bedingungen als Mülldeponie verwendbar sei. Mit dem Hessischen Abfallgesetz vom 13. 7. 1971 war die rechtliche Grundlage der Errichtung und Betreibung einer Mülldeponie durch einen Zweckverband nach einem Verfahren der Planfeststellung gegeben.

Am 4. 12. 1974 fand die konstituierende Sitzung der Verbandsversammlung des Zweckverbandes Abfallbeseitigung Grube Messel statt. Von der Stadt Darmstadt waren dazu Vertreter aus der Stadtverordnetenversammlung, von den Landkreisen Darmstadt und Dieburg ebenso Vertreter aus den beiden Kreistagen, jeweils proportional den dort vertretenen Parteien, entsandt worden. In der Folge schaltete sich der Hessische Kultusminister auf Grund des Hessischen Denkmalschutzgesetzes vom 23. 9. 1974, das auch Fossilien betrifft (§ 19 u. f.), in die Ordnung der Grabungen nach Fossilien in der Grube Messel sowie in die Planung der Deponie ein. Im November 1975 erwarb der Zweckverband von YTONG das benötigte Gelände der Grube Messel. Wie vorher schon YTONG, gestattete nun der Zweckverband Angehörigen der zugelassenen Institute das Betreten der Grube zum Zwecke von Grabungen. Am 15. 2. 1977 stellte der Zweckverband an die dafür zuständige Behörde, das Hessische Oberbergamt in Wiesbaden, den Antrag auf Planfeststellung für die Errichtung und den Betrieb einer zentralen Abfallbeseitigungsanlage in der Grube Messel.

Seit 1973 erhoben Privatpersonen, Wissenschaftler und wissenschaftliche Vereinigungen des In- und Auslandes (92), Politiker, Vereine und Vertreter der Gemeinde Messel öffentlich Einwände gegen die geplante Einrichtung einer Mülldeponie in der Grube Messel. Die in diesem Zusammenhang gestellten Forderungen betrafen nicht zuletzt die Sicherstellung der Möglichkeit weiterer Grabungen nach Fossilien. Es folgten Darstellungen und Berichte in Zeitungen und Zeitschriften, in Hörfunk und Fernsehen, des weiteren Vorträge und Ausstellungen, welche die Grube Messel als Fossilienfundstätte weit über die Fachwelt hinaus bekannt werden ließen.

In dem laufenden Planfeststellungsverfahren begann am 23. 2. 1979 mit der in 10 Gemeinden erfolgten öffentlichen Auslegung der Pläne für die Mülldeponie eine Frist von sechs Wochen zum Vorbringen von Einwendungen. Es wurden über 3.000 Einwendungen erhoben. Vom 8. bis 12. Oktober 1979 fand im Bürgerhaus der Gemeinde Messel eine nichtöffentliche mündliche Verhandlung zum Antrag des Zweckverbandes auf Planfeststellung der Mülldeponie statt, an der Einwender und sachlich Betroffene mit Vertretern des Antragstellers und der am Verfahren beteiligten Behörden, Dienststellen und Körperschaften die Fragen, die sich aus dem Plan, den Einwendungen und den amtlichen Stellungnahmen ergaben, erörterten. Keine der erhobenen Einwendungen wurde im Laufe der Erörterung zurückgenommen. Auf Grund der Erörterung setzte die Planfeststellungsbehörde ergänzende Untersuchungen und Prüfungen in Gang.

Im Planfeststellungsbeschluß vom 30. 12. 1981 wird im Hinblick auf die Grabungen u. a. ausgeführt, daß die grabungsberechtigten Institute das Recht haben „auf allen jeweils freiliegenden Ölschieferflächen im Planfeststellungsbereich Fossilgrabungen durchzuführen, soweit dies nach betriebsplanmäßiger Prüfung und Zulassung durch das Bergamt Weilburg mit der Sicherheit vereinbar" sei. Während aber die Zeit der Grabungen auf den meisten Flächen der Grube durch die Verfüllung mit Müll begrenzt werde, gelte das vorstehend genannte Grabungsrecht der Institute für die Westböschung oberhalb der 5. Sohle zunächst auf 20 Jahre, beginnend mit der Aufnahme der Deponie-Errichtungsarbeiten. Nach Ablauf dieser Zeit werde durch die Planfeststellungsbehörde entschieden, ob und ggf. wie lange ein weiteres Freihalten der Westböschung der Grube erforderlich und vertretbar sei. Es wurde die sofortige Vollziehung des Planfeststellungsbeschlusses angeordnet.

Gegen den Planfeststellungsbeschluß und die Anordnung des Sofortvollzugs richteten sich von nun an viele Klagen und Eilanträge bei den Verwaltungsgerichten, bis jetzt wenig erfolgreich. Ende 1982 wurden die Arbeiten im Zusammenhang mit der Errichtung der Mülldeponie im Gelände außerhalb der Grube in Angriff genommen, Anfang 1984 auch die Errichtungsarbeiten innerhalb der Grube.

Gemäß der am 30. 4. 1983 bekanntgemachten Neufassung der Satzung des Zweckverbandes Abfallbeseitigung Grube Messel führt der Zweckverband ab dem 1. 5. 1983 den Namen: Zweckverband Abfallverwertung Südhessen (ZAS).

Die weitere Behandlung der Grube Messel als Fundstätte von Fossilien

Mit der im November 1983 im Lande Hessen einsetzenden Zusammenarbeit von SPD und Grünen begann trotz des fortschreitenden Ausbaus der Grube Messel als Mülldeponie eine gegenläufige Entwicklung mit dem Ziel der Aufhebung des Planfeststellungsbeschlusses durch die Hessische Landesregierung. Am 4. 6. 1984 unterzeichneten Verhandlungskommissionen der SPD und der Grünen für die 11. Legislaturperiode des Hessischen Landtags Vereinbarungen zur Tolerierung einer sozialdemokratischen Landesregierung. Im Hinblick auf die Grube Messel wurde in diesen Vereinbarungen auch der Tatsache Rechnung getragen, daß, nach dem Verlust der Grube „Prinz von Hessen" für die paläontologische Forschung durch anderweitige Nutzung, die Grube Messel das einzige Vorkommen der Messel-Formation ist, das für Grabungen und wissenschaftliche Untersuchungen zur Verfügung steht. Es steht in den Vereinbarungen u. a.: „Die Grube Messel wird nicht mit Hausmüll, ... verfüllt. ... Die Grube Messel wird als Kulturdenkmal erhalten und deshalb unter Grabungsschutz gestellt ... Die Paläontologische ‹sic› Nutzung der Grube ist finanziell, rechtlich und technisch zu sichern. Zur Vorbereitung eines Grabungsplans wird eine Studie in Auftrag gegeben, ..."

Infolge von Gegensätzen in der Atompolitik wurde das Abkommen allerdings am 12. 12. 1984 von beiden Partnern für beendet erklärt. Doch arbeiteten SPD und Grüne weiter zusammen. Es wurde im Sinne des aufgekündigten Abkommens im Juli 1985 vom Hessischen Minister für Wissenschaft und Kunst eine Kommission von fünf Sachverständigen, darunter zwei Paläontologen, zur Erstellung eines Gutachtens über die Grube Messel berufen. Das Gutachten soll klären, inwieweit eine dauernde Offenhaltung der Grube Messel zugunsten der paläontologischen Forschung wünschenswert ist, welche Maßnahmen der Bergsicherung und Wasserhaltung hierfür erforderlich sind und welche Kosten kurz-, mittel- und langfristig dadurch entstehen. Am 31. 10. 1985 wurde das Vierte Gesetz zur Änderung des Hessischen Abfallgesetzes vom 13. 7. 1971 verkündet. Dies war gemäß den aufgekündigten Tolerierungsvereinbarungen die erste Voraussetzung für die Aufhebung des Planfeststellungsbeschlusses. SPD und Grüne bildeten schließlich genau ein Jahr nach der Aufkündigung der Tolerierungsvereinbarungen eine Koalition. Die ersten Vereinbarungen im Hinblick auf die Grube Messel galten so im Grundsätzlichen weiter.

B5 Grabung des Hessischen Landesmuseums auf der 6. Sohle (Grabungsstelle HLMD 15/1985).

Am 29. 12. 1986 gab der Erste Kreisbeigeordnete des vor Jahren durch Zusammenlegung entstandenen Kreises Darmstadt-Dieburg den Stand der Ermittlung des Standortes einer Hochdeponie anstelle der geplanten Deponie Grube Messel bekannt. Es wurden von 26 untersuchten Flächen des Kreises sieben Flächen vorbehaltlich einer eingehenden Umweltverträglichkeitsprüfung als „vorläufig geeignet" oder „vorläufig bedingt geeignet" bezeichnet. Von diesen Flächen liegen zwei, als „vorläufig geeignet" bezeichnet, bei der Grube Messel.

Am 9. 2. 1987 zerbrach im Lande Hessen die Koalition von SPD und Grünen infolge von Gegensätzen in der Atompolitik. Am 17. 2. 1987 löste sich daher der Hessische Landtag selbst auf. Für den 5. 4. 1987 sind Neuwahlen angesetzt.

B6 Grube Messel Ende Oktober 1986 von Südwesten gesehen. Links die Halde von YTONG, im Vordergrund die Straße für die geplante Deponie. Ein Teil der 6. Sohle (tiefste Sohle) ist bereits mit Schotter abgedeckt. Die Grabungsstellen des Jahres 1986 lagen im noch freien Teil der 6. Sohle unmittelbar dahinter. Luftbild freigegeben unter der Nummer 71/87 durch das Regierungspräsidium Darmstadt.

C

Die Bergung von Fossilien in der Grube Messel

Detlev Graner

C1 Eine große Ölschieferplatte wird entlang natürlicher Klüfte und Schichtflächen aus dem Schichtenverband gelöst. Als Werkzeuge hierfür dienen Flachkeile und eine Schaufel zum Lösen der Platte vom Untergrund sowie ein dicker Holzkeil zum Erweitern der vorhandenen Kluft.

Einleitung

Seit Ende 1974 ist das Betreten der Grube Messel und damit auch das Graben nach Fossilien Unbefugten nicht gestattet. Neben der Geologisch-Paläontologischen & Mineralogischen Abteilung des Hessischen Landesmuseums in Darmstadt können nur Institute mit Genehmigung der obersten Denkmalschutzbehörde (früher: der Hessische Kultusminister, jetzt: Der Hessische Minister für Wissenschaft und Kunst) wissenschaftliche Grabungen in der Grube Messel durchführen. So dürfen die folgenden Schilderungen der Abbaumethoden und der wichtigsten die Grabungstätigkeit beeinflussenden Faktoren keinesfalls als Aufforderung und „Gebrauchsanweisung" für interessierte Fossiliensammler mißverstanden werden. Vielmehr soll das Verständnis für die wissenschaftlichen Grabungen in der Grube Messel gefördert werden.

Die Zielsetzung von Grabungen

Selbstverständlich haben Fossilgrabungen zunächst das Ziel, möglichst viele Fossilien zu bergen. Für eine Grabung, die als wissenschaftlich bezeichnet werden soll, genügt dies allein jedoch nicht.

Bevor die Fossilien durch die Bergung aus dem Gesteinszusammenhang genommen werden, müssen möglichst alle informationsträchtigen Daten im Gelände gesichert werden, die nach der Bergung sonst unwiderbringlich verloren wären.

Die Richtung der Strömungen im eozänen See von Messel kann durch das Einmessen einer möglichst hohen Zahl von gestreckten Objekten, wie z.B. Fischen, ermittelt werden. Die Topographie des ehemaligen Seebodens läßt sich, zumindest andeutungsweise, durch das Einmessen von antithetischen Mikroverwerfungen, den sog. Abrißmarken, rekonstruieren (149, 57, 58, 73). Um eine umfassende

Rekonstruktion des Lebensraums vor ca. 50 Mio. Jahren zu erhalten, sollten im Gelände auch Proben für paläomagnetische, geochemische, palynologische und sedimentäre Laboruntersuchungen genommen werden.

Alle diese Daten sollten in einer wissenschaftlichen Grabung möglichst vollständig erfaßt werden. Dazu wären aber langjährige Grabungsmöglichkeiten ohne den Zeitdruck einer drohenden Verfüllung der Fossillagerstätte mit Müll notwendig.

Es muß daher in der derzeitigen Situation entschieden werden, welche der Daten vorrangig gesammelt werden sollten, bzw. auf welche man in Anbetracht des Zeitdrucks am ehesten verzichten kann. Das darf jedoch nicht soweit führen, daß als einziges Ziel das Bergen von Schaustükken übrig bleibt.

So darf der Erfolg einer Grabung nicht nach der Menge des abgebauten Ölschiefers, aber auch nicht allein nach der Zahl und Schönheit bzw. Vollständigkeit der geborgenen Funde bewertet werden. Ein Fossil, das unvollständig eingebettet worden war und deshalb als Ausstellungsstück sicher nicht attraktiv wäre, sagt gerade durch seine Unvollständigkeit vieles über die Lebensbedingungen im eozänen See von Messel aus, so z.B. über Strömungen am Boden des Sees oder über Räuber, die Tierleichen aufarbeiten (141).

C2 Die Ölschieferplatte wird an einen Platz außerhalb des unmittelbaren Abbaubereichs gebracht und dort mit einem Messer schichtparallel aufgespalten.

Die Auswahl von Grabungsstellen

Vor Beginn einer wissenschaftlichen Grabung zur Bergung von Fossilien muß man sich zunächst darüber im klaren sein, wo man graben möchte. Erste Kriterien für die Auswahl der Grabungsstellen sind zum einen die Fossilhöffigkeit der Ölschieferschichten und zum anderen die Grabungswürdigkeit.

Die Gesamtfossilhöffigkeit ist zwar innerhalb des Ölschiefervorkommens in der Grube Messel annähernd gleich groß, doch gibt es in der Häufigkeitsverteilung einzelner Fossiliengruppen z. T. beträchtliche Unterschiede. So sinkt z.B. der Anteil von Blättern und Früchten mit zunehmender Entfernung von den Einmündungen der eozänen Zuflüsse. Bei den Fischen scheint die Gattung *Thaumaturus* stärker an den nordwestlichen Zufluß gebunden zu sein (73: 53–55).

Die Grabungswürdigkeit ist eingeschränkt in Gebieten mit einer mächtigen Überdeckung aus dem Abraum früherer Grabungen, da sie nur mit einem erheblichen Aufwand wieder freigeräumt werden können. Eine zu große Geländeneigung und ein zu starkes Einfallen der Schichten von mehr als ca. 25–30° erschweren die Zugänglichkeit und bringen Sicherheitsprobleme mit sich. Auch dies schränkt die Grabungswürdigkeit einiger Bereiche innerhalb der Grube Messel stark ein. Sicher nicht grabungswürdig sind die Gebiete mit ausgedehnten Hangrutschungen, in deren Stauzonen der Ölschiefer stark zerbrochen ist. Diese Auswirkungen der Hangrutschungen können bis zu 10–15 m tief reichen (279: 14).

Darüberhinaus gibt es innerhalb der Grube Messel zahlreiche räumliche und zeitliche Begrenzungen der Grabungsmöglichkeiten, die bei der Auswahl der Grabungsstellen zu berücksichtigen sind. Die bedeutendsten Einschränkungen sind natürlich zurückzuführen auf die inzwischen nahezu abgeschlossenen Baumaßnahmen des Zweckverbandes Abfallverwertung Südhessen (ZAS) zur Errichtung der Mülldeponie. So wurde beispielsweise 1985 mehr als ein Drittel der Fläche der 6. Sohle mit einer Schotterschicht überdeckt. Schon früher hat der Bau der Deponiestraße Grabungsmöglichkeiten im Südwesten der Grube zunichte gemacht. Auch durch die Ablagerung des bei Baumaßnahmen des ZAS anfallenden Ölschiefers und durch die Deponierung des bei der Herstellung von YTONG-Steinen produzierten Ausschußmaterials verschwanden grabungswürdige Areale unter mächtigen Halden.

Im Planfeststellungsbeschluß des Hessischen Oberbergamtes vom 30. 12. 1981 für die zentrale Abfallbeseitigungsanlage „Grube Messel" ist unter anderem festgelegt, daß an der westlichen Böschung oberhalb der 5. Sohle Grabungsmöglichkeiten für zunächst 20 Jahre garantiert werden, beginnend mit der Aufnahme der Deponieerrichtungsarbeiten. Nach Ablauf dieser Frist wird durch die Planfeststellungsbehörde entschieden, ob und ggf. wie lange ein weiteres Freihalten der Westböschung erforderlich und vertretbar ist.

Schließlich sind bei der Auswahl der Grabungsstellen sowie auch später im Verlauf der Grabung die Vorschriften der Allgemeinen Bergverordnung für das Land Hessen und zahlreiche Auflagen des zuständigen Bergamtes Weilburg zu beachten.

C3 Die zu Anfang noch großen und dicken Platten kann man je nach Beschaffenheit des Ölschiefers mit dem Messer in Platten von wenigen Millimetern Dicke aufspalten, sie geradezu wie die Seiten eines Buches aufblättern.

C4 In einem Bereich mit zahlreichen dünnen Schichten und zudem weit auseinanderliegenden Klüften wird der Ölschiefer direkt im Anstehenden mit dem Messer flächenhaft Schicht für Schicht abgetragen.

Der Ablauf von Grabungen

Hat man sich für eine Grabungsfläche entschieden, muß zunächst der auf dem anstehenden Ölschiefer liegende, im Durchschnitt etwa 20 cm mächtige, mehr oder weniger verwitterte lose Ölschiefer beseitigt werden. Dies geschieht am zweckmäßigsten mit einem schweren Räumfahrzeug (Bulldozer). Im Anschluß an dieses Abschieben sollte man die anstehende Ölschieferfläche nach freigelegten größeren Fossilien absuchen. So wurde beispielsweise zu Beginn der Grabung 1985 beim Abschieben einer Grabungsstelle ein Krokodil freigelegt, das durch den Bulldozer allerdings leicht beschädigt worden war. Im Hinblick auf die große Zeitersparnis durch das Abschieben mit schwerem Räumgerät muß die Gefahr der Beschädigung von Fossilien in den obersten anstehenden Schichten in Kauf genommen werden.

Erst nachdem der verwitterte Ölschiefer auf der Grabungsstelle beseitigt ist, kann man den bergfrischen Ölschiefer aus dem anstehenden Schichtenverband lösen. Hierzu werden vor allem zwei Methoden angewandt:

1 der Abbau großer Platten
2 das Aufspalten des anstehenden Ölschiefers.

Beim Abbau des Ölschiefers in großen Platten macht man sich nach Möglichkeit das natürliche Kluftsystem zunutze. Die Größe der Platten wird somit vom Abstand der vorhandenen Klüfte bestimmt. Ist der Abstand zwischen zwei natürlichen Klüften zu groß, kann die Plattengröße durch eine mit einer Motorsäge geschaffene künstliche Trennung reduziert werden. Der Einsatz der Motorsäge muß aber die Ausnahme bleiben, da dabei eine nicht zu unterschätzende Gefahr der Beschädigung eines größeren Fossils besteht.

Die Plattendicke ist so zu wählen, daß das Gewicht der Platte von den verfügbaren Arbeitskräften bewältigt werden kann. Die Erfahrungen der bisherigen Grabungen zeigten, daß eine Gruppe von etwa 5–6 Personen je Grabungs- bzw. Abbaustelle am effektivsten arbeitet, wobei auf ein vernünftiges Zahlenverhältnis von Fachpersonal (Wissenschaftler, Präparatoren) zu Hilfspersonal (z.B. studentische Mitarbeiter) zu achten ist. Es muß grundsätzlich auf jeder Grabungsstelle mindestens eine Fachkraft anwesend sein.

Das Lösen der Ölschieferplatte aus dem anstehenden Schichtenverband erfolgt mit Hilfe von Keilen, Brechstangen oder Schaufeln. Bewegungsspielraum zum Aufrichten der Platte wird dadurch gewonnen, daß die Klüfte hinter einer Plattenstirn durch das Eintreiben von Holzkeilen erweitert werden. Bevor die gelöste und aufgerichtete Ölschieferplatte zur Weiterverarbeitung aus dem Abbaubereich gebracht wird, müssen die Seitenflächen der Platte auf eventuell ausstreichende Knochen abgesucht werden. Die Ölschieferplatte wird schließlich zu einem Platz außerhalb des unmittelbaren Abbaubereichs gebracht und dort mit einem Messer möglichst dünn schichtparallel aufgespalten. Nach jedem Spaltvorgang müssen die freigelegten Schichtflächen nach Fossilien abgesucht werden. Diese Methode des Ölschieferabbaus in großen Platten verlangt große Aufmerksamkeit, da es jederzeit notwendig sein kann, die Lage einer bereits abgebauten und teilweise aufgespaltenen Platte innerhalb des anstehenden Ölschiefers zu rekonstruieren, um die Fortsetzung eines beim Abbau nicht erkannten Fossils lokalisieren zu können.

Eine Alternative zum Abbau in großen Platten besteht darin, den Ölschiefer direkt im Anstehenden mit einem langen Messer oder einer Kelle flächenhaft Schicht für Schicht abzutragen. Diese Alternative bietet sich vor allem in dünnlagigen Profilabschnitten an und auch dann, wenn nicht genügend Klüfte in passendem Abstand zur Verfügung stehen. Sie hat den Vorteil, daß sich hierbei größere Fossilien schon frühzeitig im überlagernden Ölschiefer durch Schichtaufwölbungen ankündigen. So ist die Gefahr der Beschädigung solcher Fossilien oder der Verlust eines Teils deutlich gemindert, denn Größe und Lage des Fossils können nun hinreichend genau bestimmt werden. Außerdem bietet diese Grabungsmethode die Möglichkeit, Einregelungsmessungen an Fossilien durchzuführen und andere ökologisch und biostratonomisch interessante Aspekte wie z. B. Verdriftungserscheinungen u. a. zu berücksichtigen.

Die Grabung bzw. die Art des Abbaus wird schließlich auch ganz entscheidend vom Wetter beeinflußt. An heißen, trockenen Tagen beispielsweise muß der Ölschiefer vor Austrocknung geschützt werden. Aufgrund seines hohen Wassergehalts von etwa 40 Gew.-% im bergfeuchten Zustand blättert der Ölschiefer, sobald er freigelegt worden ist, sehr rasch parallel zur Schichtung auf und zerfällt in kleinste Tonscherben. Dabei werden natürlich auch die Fossilien zerstört. So ist es nicht sinnvoll, den Ölschiefer großflächig Schicht für Schicht abzutragen, da auf diese Weise die jeweils freigelegte Ölschieferfläche zu lange der Verdunstung ausgesetzt wäre. Es empfiehlt sich vielmehr, die Abbaufläche möglichst klein zu halten (ca. 10 m^2) und zügig zu arbeiten. Zusätzlich kann ein Sonnensegel oder eine Kunststoffplane den unmittelbaren Abbaubereich vor direkter Sonneneinstrahlung schützen.

Regenwetter dagegen ist zwar für die Erhaltung des Ölschiefers und der Fossilien günstig, doch für die Grabungsmannschaft unangenehm. Die Oberfläche des Ölschiefers wird sehr schnell schmierig und glatt. Daher ist es bei längerfristig feuchter Witterung unter Umständen ratsam, den Ölschiefer Schicht für Schicht im Anstehenden aufzuspalten, um der Verletzungsgefahr beim Aufrichten und Abtransport der oft zentnerschweren Ölschieferplatten durch Ausrutschen auf den geneigten, schmierigen Schichtflächen zu entgehen.

C5 Ein Fossil wird geborgen. In einem Abstand von einigen Zentimetern ritzt man mit einem Messer zunächst ein Rechteck um das Fossil. Außerhalb dieses „Rahmens" entfernt man dann mit einem Messer oder einem Beil vorsichtig den Ölschiefer.

Das Erkennen von Fossilien

Für das Erkennen von Fossilien im Messeler Ölschiefer bedarf es häufig eines geschulten Auges, vor allem wenn nur ein kleiner Teil eines Fossils freigelegt ist. Eine wichtige Hilfe ist dabei der Farbunterschied zum Ölschiefer. Der Farbkontrast ist dann am stärksten, wenn der Ölschiefer nicht allzu feucht, sondern leicht angetrocknet ist.

Pflanzliche Reste sind im allgemeinen mattschwarz gefärbt. Bei Blättern ist zudem fast immer die Blattaderung überliefert. Insektenreste sind meist am schwarzen Glanz oder aber an bunten Farben zu erkennen. Die Knochen von Wirbeltierfossilien haben eine rötlichbraune bis braune Farbe. Sie sind stets heller als der Ölschiefer. Mitunter sind auch Weichteile von Wirbeltieren (Haut, Haare, Federn u. a.) überliefert. Haut und Haare sind dunkelbraun bis schwarz gefärbt, Federn dagegen weisen häufig eine rötliche Färbung auf.

Wie schon im vorigen Kapitel kurz angedeutet lassen sich Wirbeltierfossilien vielfach auch dann erkennen, wenn sie noch nicht freigelegt, sondern noch unter einer dünnen Ölschieferschicht verborgen sind. Je nach Größe des Fossils und Dicke der überlagernden Ölschieferschicht können sich das Fossil als Ganzes oder sogar die einzelnen Knochen in Form von Schichtaufwölbungen in die darüberliegende Ölschieferschicht durchpausen. Dieses „Fossil-Relief" läßt unter Umständen sogar eine erste hinreichend exakte Ansprache des Fossils zu.

Die Bergung von Fossilien

Jedes größere Fossil innerhalb der Ölschieferschichten ist im Vergleich zu seiner Umgebung ein Bereich schwächeren Zusammenhalts. Dies bedeutet, daß der Ölschiefer beim Aufspalten auch dann in diesem Bereich aufreißt, wenn das Fossil nicht exakt in der vom Messer geschaffenen Aufspaltungsfläche liegt. Es kann so nach dem Aufreißen der Ölschieferschichten vollständig sichtbar oder aber zum Teil noch unter dem Ölschiefer verborgen sein. In diesem Fall muß zunächst die Größe und Lage des Fossils abgeschätzt werden, um es vollständig und unversehrt bergen zu können. Dazu bedarf es einiger Erfahrung.

In einem Abstand, der entsprechend der Fossilgröße etwa zwischen 3 und 30 cm betragen kann, ritzt man mit dem Messer ein Rechteck um das Fossil. Bei einer schon abgebauten Ölschieferplatte entfernt man nun mit dem Messer oder einem Beil den Ölschiefer außerhalb des Rechtecks. Kommt ein Fossil beim Aufspalten des anstehenden Ölschiefers zum Vorschein, grenzt man den Ölschiefer um das Fossil herum mit einem Beil oder einer Motorsäge rechteckig in genügendem Abstand ab und löst den Ölschiefersockel mit dem Fossil mit Messern oder Flachkeilen in hinreichender Dicke vom Untergrund. Die fossilführende Ölschieferplatte wird dann zunächst in einem mit Wasser gefüllten Eimer aufbewahrt, um sie vor Austrocknung zu schützen.

Größere Fossilien wie Krokodile oder größere Säugetiere erfordern meist einen wesentlich höheren Bergungsaufwand. Dabei kann es unter Umständen notwendig sein, vor allem wenn das Fossil in einer stärker zerklüfteten Zone liegt, das Fossil bereits in situ auf Kunstharz umzubetten oder um den Ölschiefersockel mit dem Fossil einen Holzrahmen zu bauen und diesen mit Polyurethan auszuschäumen. Zuvor müssen jedoch die Seitenflächen des Sockels nach innen angeschrägt werden und zwar so, daß die Basisfläche des Sockels etwas kleiner ist als die Dachfläche. Nur so kann der gehärtete Polyurethanschaum die Ölschieferplatte ausreichend stabilisieren. Nach dem Härten des Schaums und dem Ablösen vom Untergrund muß die auf diese Weise stabilisierte Ölschieferplatte auf eine feste Unterlage geschoben werden, um einen sicheren Abtransport zu gewährleisten.

Es wäre illusorisch, anzunehmen, daß beim Aufspalten wirklich jedes im Ölschiefer eingebettete Fossil gefunden wird. Selbstverständlich können kleinere, unscheinbare Fossilien wie z. B. Pflanzen- und Insektenreste noch in Ölschieferpartien eingebettet sein, die man nicht mehr weiter aufspalten kann. Dieser Verlust kann jedoch aufgrund der Häufigkeit gerade dieser Fossilien innerhalb des Messeler Ölschiefers leicht ausgeglichen werden.

Gegen Ende des Grabungstages schließlich werden alle geborgenen Funde registriert, d. h. mit einer fortlaufenden Nummer versehen und ins Grabungstagebuch eingetragen. Danach wird jedes Fossil einzeln in feuchtes Zeitungspapier eingepackt und in einen Plastikbeutel eingeschweißt. Um die Bildung von Algen und Pilzen während der Lagerung zu vermeiden, gibt man dem Leitungswasser, mit dem das Zeitungspapier getränkt ist, das Desinfektions- und Algenbekämpfungsmittel „Dimanin A" zu. Auf diese Weise kann das Fossil bis zur endgültigen Präparation gelagert werden.

C6 Ein Krokodil (*Diplocynodon darwini*, HLMD – Me 7500) wird an Ort und Stelle auf Kunstharz umgebettet. Wegen des Einfallens der Schichten wurde das Kunstharz in mehreren stufenförmigen Abschnitten aufgegossen.

D

Präparation von Fossilien aus der Grube Messel

Horst Gottfried Lippmann

D1 Ausgetrockneter Ölschiefer

Einleitung

Bergfrischer Ölschiefer aus der Grube Messel hat einen Wasseranteil von etwa 40% und sobald dieses Wasser verdunstet, schrumpft der Ölschiefer und reißt (Abb. D1). Einmal vorhandene Risse lassen sich auch durch nachträgliches Befeuchten mit Wasser nicht mehr beseitigen. Je schneller die Verdunstung vonstatten geht, umso kleiner sind die Stückchen, in die der Ölschiefer schließlich zerfällt.

Mit dem Zerfall der natürlichen Matrix (Muttergestein) werden auch die im oder auf dem Ölschiefer befindlichen Fossilien mit Ausnahme von Mikrofossilien (z. B. Blütenpollen) zerstört. Deshalb müssen die fossiltragenden Ölschieferplatten von der Bergung aus dem Anstehenden bis zur Präparation ständig feucht gehalten werden. Kleine Funde werden hierzu in Wasser gelegt, dem ein Mittel gegen Algen- und Pilzbefall beigefügt ist. Fossilien können so auch über längere Zeit aufbewahrt werden. Größere Stücke werden in feuchtes Zeitungspapier eingewickelt und in Plastikfolie eingeschweißt. Auf diese Weise ist ein Feuchthalten jedoch nur für begrenzte Zeit möglich, zudem sind verpackte Fossilien für eine Ausstellung nicht geeignet. Deshalb muß nach einer Möglichkeit gesucht werden, entweder den Ölschiefer am Reißen zu hindern oder ihn als Träger des Fossils gegen einen künstlichen Träger auszutauschen.

In manchen Fällen ist es möglich, den Ölschiefer rundherum vom Fossil zu entfernen und das Fossil frei von Ölschiefer aufzubewahren. Das gelingt aber nur bei kompakten Funden, wie z. B. Schildkröten. Doch der größte Teil der Fossilien, die entweder durch den Auflastdruck des Sediments flach gedrückt wurden oder aber, wie z. B. Blätter, von vornherein flach sind, fände ohne Träger keinen Halt und würde zerbrechen. Bei einigen Fossilien sind sogar Weichteile erhalten (300). Es wäre unmöglich, dieser in der Dicke kaum meßbaren Substanz ohne Auflagefläche einen Halt zu bieten.

D2 Versteinerte Kotballen (Koprolithen)

Wahl der Präparationsmethode

Zur Herstellung eines Präparates stehen verschiedene Methoden zur Verfügung, bei deren Auswahl die Art und der Zustand des Fossils, aber auch die spätere Verwendung des Präparates zu berücksichtigen sind.

Nach Möglichkeit sollen die Präparate im Museum ausgestellt werden, einige jedoch dienen ausschließlich wissenschaftlicher Forschung. Präparate, die mit Bedacht hergestellt wurden, genügen zumeist beiden Anforderungen, so daß sich auch an Ausstellungsstücken wissenschaftliche Informationen erlangen lassen.

Mikrofossilien können bestenfalls in fotografischer oder zeichnerischer Vergrößerung gezeigt werden. Fossile Blätter, aus denen zur wissenschaftlichen Bearbeitung Proben entnommen wurden, sind für Schauzwecke nur noch bedingt geeignet.

Wie bereits in der Einleitung dargelegt, sind Messelfossilien nur in den seltensten Fällen ohne Konservierung haltbar. Zu diesen Sonderfällen gehören Koprolithen (versteinerte Kotballen), die aus dem Ölschiefer herauswittern können (Abb. D2). Sie sind manchmal opalisiert und können ohne weitere Behandlung aufbewahrt werden. Doch meistens ist ein Fossil, welches ohne umgebenden Ölschiefer vorliegt, in sich nicht fest genug und muß durch Konservierung gehärtet werden.

Die Fossilien werden beim Spalten des Ölschiefers auf den Schichtflächen gefunden. Hauptsächlich kleine Funde wie etwa Insekten, Blüten, Schnecken und Federn haften oft nur auf der einen Ölschieferplatte, während auf der Gegenplatte nur noch der Abdruck des Fossils zu sehen ist. Der Betrachter erkennt hier die äußere Gestalt des Fossils. Solche kleinen, dünnen Fossilien müssen zumeist zusammen mit der Ölschieferplatte konserviert werden, auf der sie sich befinden. Wegen des hohen Wassergehaltes des Ölschiefers werden dazu Materialien benutzt, die sowohl den Ölschiefer als auch das Fossil härten.

Sehr oft werden dickere Fossilien, besonders Wirbeltiere, beim Spalten des Ölschiefers in zwei Teile zerrissen. Auf einer Ölschieferplatte befindet sich dann die linke und auf der Gegenplatte die rechte Körperhälfte (Abb. D12). Der Betrachter schaut hier auf das Innere des Fossils. Bei einem Fisch etwa sind Wirbel etc. zu sehen, nicht aber das äußere Schuppenkleid. In solchen Fällen wird nach der Transfer-Methode jede Körperseite getrennt auf eine künstliche Matrix übertragen, wobei dann die beim Aufreißen des Ölschiefers unverletzt gebliebene Außenseite sichtbar wird. Hierbei erhält das gehärtete Fossil anstelle des Ölschiefers eine neue Trägerplatte.

D3 Kieselschwammnadel, Abbildung mit dem Raster-Elektronen-Mikroskop

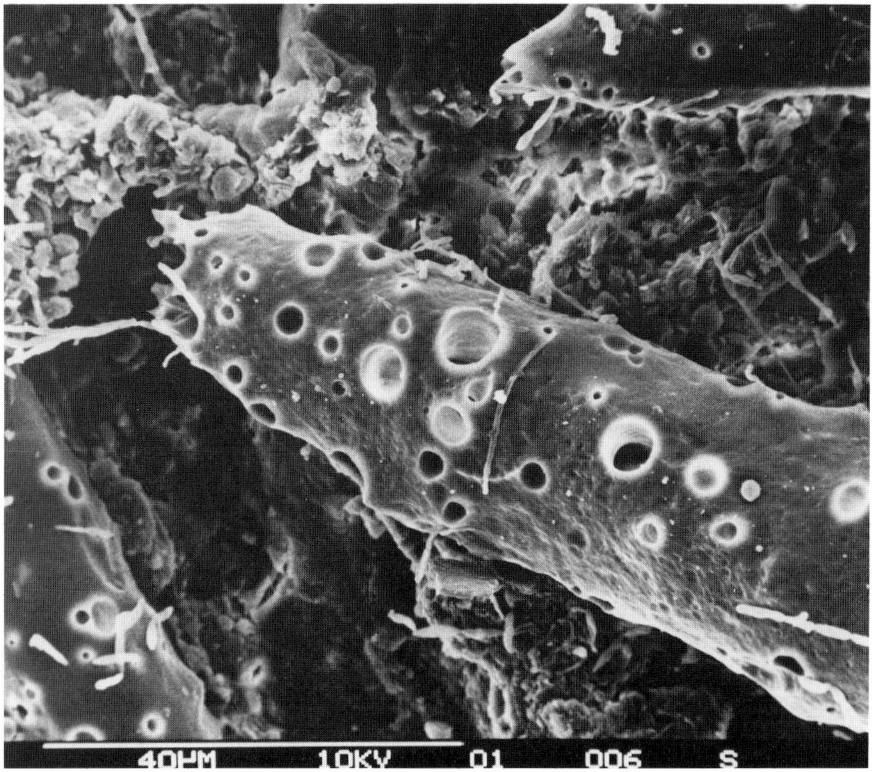

Herstellung von mikroskopischen Präparaten

Zur wissenschaftlichen Bestimmung von Pflanzenfossilien ist es meist notwendig, den Feinbau des Gewebes zu untersuchen. SCHAARSCHMIDT bediente sich der Fluoreszenzmikroskopie (Abb. E8), um Einzelheiten darzustellen (221). Daneben lassen sich mikroskopische Blattpräparate anfertigen, für die Blattsubstanz an verschiedenen Stellen eines Blattes entnommen wird. Mit Hilfe von Chemikalien wird die Blattsubstanz so behandelt, daß nur die Kutikulen (siehe Kap. E) der oberen und unteren Seite, die zur Bestimmung wichtig sind, übrig bleiben (Abb. E2 und E3). WILDE benutzt zur besonders schonenden Trennung der Kutikulen Wasserstoffperoxid in Verbindung mit Kalilauge (292). Die Präparate werden dann gefärbt und in Glyceringelatine eingebettet.

Auch um Mikrofossilien zu untersuchen, werden Ölschieferproben zu mikroskopischen Präparaten aufbereitet. Zur Gewinnung von Nannoplankton muß die Probe lediglich mit einem Glasstab schonend zerrieben und mit Wasser aufgeschlämmt werden. Ein Tropfen hiervon wird auf einen Objektträger geträufelt, zur schnelleren Verdunstung des Wassers bis 70 °C erwärmt und das verbleibende, fein verteilte Sediment mit flüssigem Kanadabalsam und einem Deckgläschen bei ca. 110 °C abgedeckt. Untersuchungen auf Nannoplankton ergaben aber bisher keinen Nachweis im Ölschiefer der Grube Messel (MARTINI, mündliche Mitteilung).

Präparate von Blütenpollen sind schwieriger herzustellen. Die zerkleinerten Ölschieferproben werden über einige Tage mit verschiedenen Säuren und Laugen behandelt, zentrifugiert, angefärbt, im Ultraschallbad gereinigt und in Glycerin aufbewahrt (221).

Die Untersuchung von Kieselschwammnadeln erfordert keine aufwendige Behandlung der Ölschieferproben, da die Schwammnadeln auf der Spaltfläche sichtbar sind. Details der Struktur können mit dem Raster-Elektronen-Mikroskop räumlich dargestellt werden. Hierzu bedampft man die Schwammnadeln mit Gold und erzeugt ein stark vergrößertes Abbild, das fotografisch festgehalten werden kann (Abb. D3 und F11).

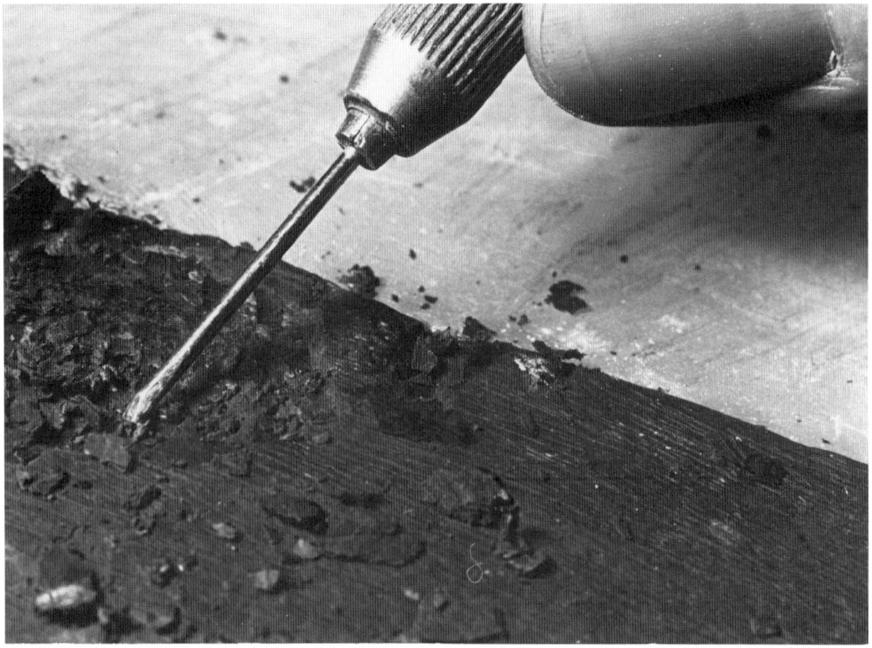

D4 Freilegung eines Fossils mit der Nadel

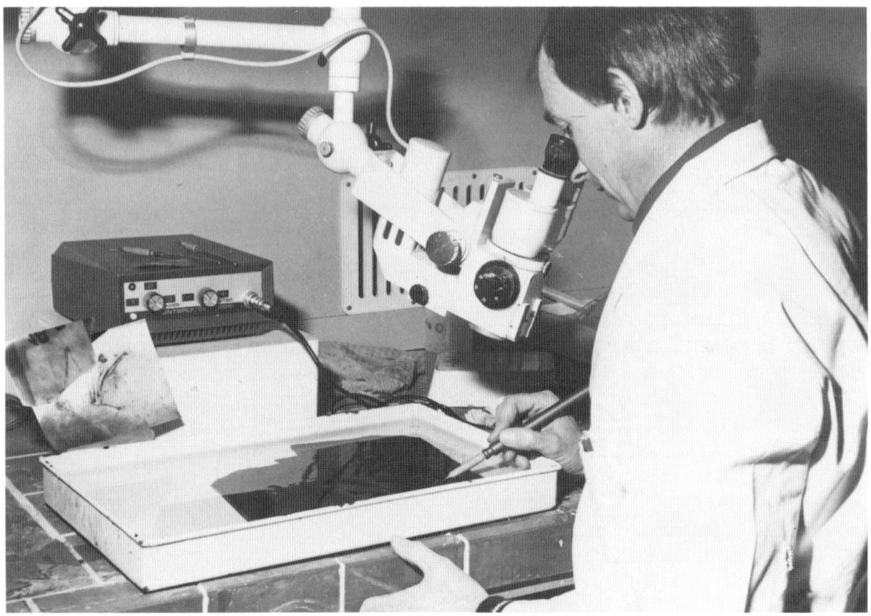

D5 Freilegung einer Fledermaus mit dem Ultraschallgerät mit Hilfe eines Röntgenbildes

Freilegung von Fossilien

Oft sind geborgene Fossilien ganz oder zum Teil noch mit Sediment bedeckt. Unabhängig von der gewählten Präparationsmethode sollte das auflagernde Sediment abgetragen werden, um den Fund konservieren zu können.

Beim Entfernen von Ölschiefer ist gegebenenfalls auf Markierungen zu achten, die bei der Bergung in den Ölschiefer eingeritzt wurden und die es erlauben, die Lage des Fossils im Gelände zu rekonstruieren.

Der Ölschiefer läßt sich von seiner Festigkeit her mit sehr kalter Butter vergleichen. Unbehandelte Skelette sind meist fester. Das Abtragen des Ölschiefers geschieht zweckmäßigerweise mit Nadeln (Abb. D4), Messern, Bürsten oder einem Ultraschallgerät (Abb. D5), wie es der Zahnarzt benutzt. Wegen der Feinheit mancher Fossilien arbeitet der Präparator hierbei unter dem Binokular. Er muß besonders bei Insekten oder Partien mit Weichteilen sehr sorgfältig vorgehen; beim Ausrutschen des Präparationswerkzeuges durchstößt er sonst sofort die weiche und hauchdünne Schicht. Daher erfordert diese Arbeit viel Geduld und Fingerspitzengefühl.

Ist ein besonders interessanter Fund, z. B. eine Schlange, zu präparieren, so kann man bei den vorbereitenden Arbeiten ein Röntgenbild zu Hilfe nehmen (Abb. D6). Die Röntgenfilme werden bei 45 KV mit 10 mA durch den Ölschiefer hindurch belichtet. Für eine 1 cm dicke Ölschieferplatte erbringt eine Belichtungszeit von etwa 20 Sekunden bei 50 cm Abstand die besten Resultate. Das Röntgenbild läßt erkennen, wie weit sich das Fossil im Ölschiefer verdeckt fortsetzt, welche Lage die Beine oder der Schwanz haben, wie weit das Tier vor der Sedimentation etwa durch Wasserbewegung auseinandergeschwemmt wurde etc. Diese Hinweise erleichtern es dem Präparator wesentlich, das Fossil ohne Beschädigung freizulegen.

Selbstverständlich lassen sich auch Röntgenbilder von fertigen Präparaten

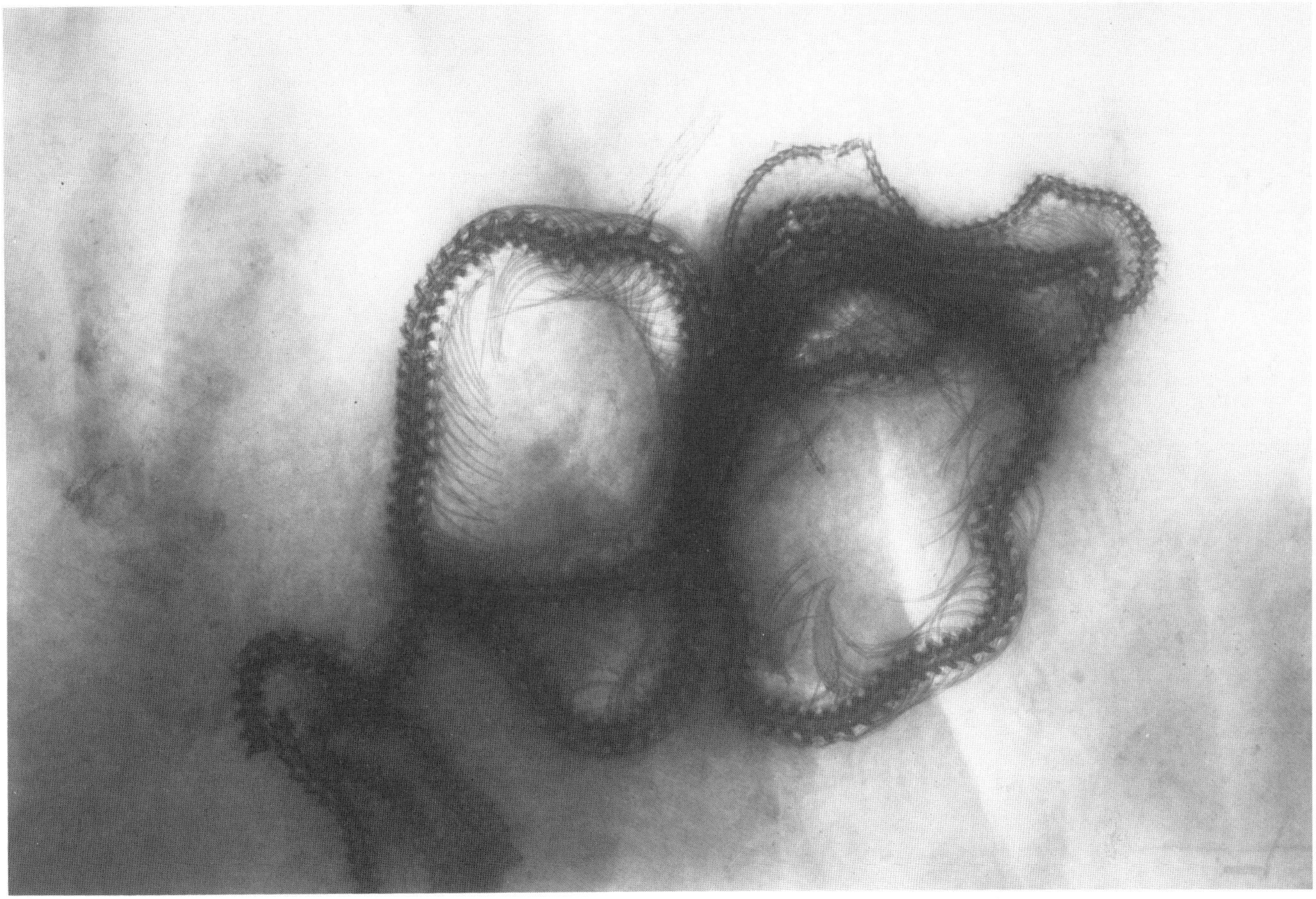

D6 Röntgenbild einer Schlange, Aufnahme vor der Präparation. HLMD Me 7600

machen (Abb. D7), was für die wissenschaftliche Bearbeitung notwendig sein kann. Oft geben aber schon die Aufnahmen des frisch geborgenen Fossils die für die wissenschaftliche Auswertung erforderlichen Informationen, z. B. zur Bestimmung der vorliegenden Tierart, zudem ist der Dokumentarwert dieser Bilder höher.

Wichtig kann es auch sein, vor der Konservierung bestimmte Skeletteile zu entnehmen, die durch andere Teile des Skelettes unterlagert werden und dadurch später von der vorgesehenen Schauseite nicht sichtbar sind. So erlaubt z. B. die Herauslösung von Zähnen die Untersuchung der Kaufläche, da diese bei geschlossenen Kiefern von der Schauseite meist nicht einsehbar ist.

D7 Röntgenbild von *Ailuravus macrurus*, Aufnahme nach der Präparation. HLMD Me 7696

D8 Konservierter Fußwurzelknochen von *Propalaeotherium hassiacum*, Länge des Fersenbeines (links) 58 mm. HLMD Me 125

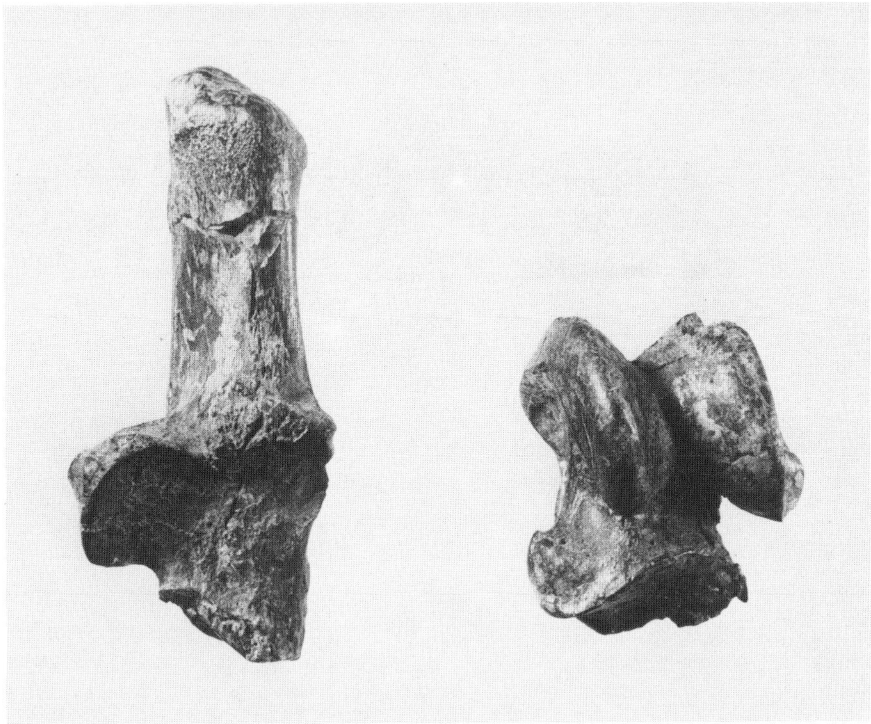

Konservierung von Fossilien ohne den Ölschiefer

Während des Ölschieferbergbaus in der Grube Messel, vor allem seit Beginn des 20. Jahrhunderts, gelangten Fossilien mehr oder weniger regelmäßig nach Darmstadt (105). Manchmal fielen sie in der Grube allein schon durch ihre Größe auf, so auch ein Krokodilschädel (Abb. F26), der wegen seiner Kompaktheit auch ohne umgebenden Ölschiefer standfest genug war.

Immer muß aber die Festigkeit isoliert vorliegender Knochen mit Hilfe von Konservierungsmitteln verbessert werden (Abb. D8), denn die sekundäre Bildung von Gips oder die Umwandlung von Schwefeleisen, kenntlich an Ausblühungen, richten im Innern eines Fossils Schäden an, die bis zu dessen völligem Zerfall reichen können. Nicht immer kann die Konservierung ein Zersprengen durch die Umwandlung von Schwefeleisen unterbinden, oftmals jedoch erheblich verzögern. Schwefeleisen in Fossilien bildet ein weit verbreitetes Problem, zu dem es noch keine Patentlösung gibt.

Frühere Konservierungsmittel, die auch für Messelfossilien ohne Matrix angewandt wurden, sind Knochenleim, Schellack oder Zaponlack,mit dem die Fossilien entweder durch Eintauchen oder Auftragen bis zur Sättigung getränkt wurden. Heute werden Kunstharze benutzt, die zuvor in Lösung gebracht wurden. Um eine bessere Durchdringungstiefe zu erlangen, findet der Konservierungsvorgang oft im Vakuum statt.

Ein Fossil, das zwar mit Ölschiefer geborgen, aber ohne Ölschiefer oder einen anderen äußeren Träger erhalten werden soll, wird zunächst auf der Oberfläche freigelegt. Danach wird der Ölschiefer z. B. mit einer Folie so abgedeckt, daß er nicht austrocknen und reißen kann. Nur das Fossil bleibt frei und trocknet. Die Verdunstung des Wassers schafft Platz für ein anfangs flüssiges Kunstharz (Gießharz), mit dem das Fossil dann durchtränkt wird. Durch vorherige Beimischung eines Härters wird dieses Gießharz und damit auch das Fossil fest. Danach kann der auf der Rückseite noch vorhandene Ölschiefer ebenfalls abgetragen werden. Das Fossil ist nun ohne sichtbaren Träger stabil und kann von allen Seiten betrachtet werden (Abb. D9).

D9 Beidseitig freigelegte *Anosteira sp.* über einem Spiegel, Körperlänge 24 cm. HLMD Me 7592

D10 Altes mit Paraffin ummanteltes Präparat eines Blattes, Grube Prinz v. Hessen, Länge des Präparates 17 cm. HLMD Me 5277

Konservierung von Fossilien mit dem Ölschiefer

Anfängliche Versuche, das Austrocknen des Ölschiefers über einen längeren Zeitraum zu verzögern und ihn am Reißen zu hindern, bestand darin, die Ölschieferplatte bis auf die Schauseite mit Wachs oder Paraffin zu ummanteln (Abb. D10). Dennoch schrumpfte der Ölschiefer und Knochen lockerten sich und konnten schließlich herausfallen (Abb. D11). Einige alte Stücke aus der Sammlung des HLMD (Hessisches Landesmuseum, Darmstadt) geben davon heute noch Zeugnis.

Eine bessere Möglichkeit ist der Austausch des Wassers im Ölschiefer gegen einen anderen Stoff, der zwar mit Wasser mischbar ist, aber an der Luft nicht verdunstet und so im Ölschiefer verbleibt. Als Austauschstoffe kommen verschiedene Materialien in Betracht. Schon in den sechziger Jahren wurden die Fossilien im HLMD über mehrere Wochen in möglichst hochkonzentriertes Glycerin eingelegt (269), wobei das meiste Wasser des Ölschiefers durch Glycerin ersetzt wurde. Nach der Entnahme aus dem Glycerinbad konnte nach Abtropfen und Trocknen das Fossil an der Luft gelagert werden, ohne daß man einen Zerfall befürchten müßte. Der so konservierte Ölschiefer ist zäh und mit dem Damennagel nur schwer zu ritzen. Pflanzenteile, Insekten, Schnecken etc. werden heute ebenfalls noch durch Einlegen in Glycerin, meist ohne sie vorher freigelegt zu haben, konserviert.

Neben Glycerin gibt es weitere Austauschstoffe. Kunstwachse (PEG), deren verschiedene Typen Schmelzpunkte zwischen – 50 °C und + 60 °C haben, können das Wasser im Ölschiefer ersetzen. In einem auf eine bestimmte Temperatur aufgeheizten Vakuumkessel werden die Fossilien einige Tage lang in ein flüssiges Kunstwachs eingelegt, um danach bei jeweils höherer Temperatur in Kunstwachse mit jeweils höherem Schmelzpunkt zu wechseln. Nach der Entnahme aus dem Kessel, Abkühlung auf Raumtemperatur und Entfernung oberflächlich noch anhaftenden Kunstwachses kann das Fossil ausgestellt werden. Der Ölschiefer wird durch die Konservierung stets sehr dunkel und fest, ist aber mit Werkzeugen noch ritzbar.

Gießharze sind zumeist wasserunverträglich. Durch Zusätze können bestimmte Epoxidharze aber auch so wasserverträglich eingestellt werden, daß sie zur Konser-

D11 Altes Präparate einer Fledermaus mit den Abdrücken herausgefallener Knochen, Höhe der Ölschieferplatte 9,5 cm. HLMD Me 42

vierung von kleineren Ölschieferstücken herangezogen werden können. Das geschieht ebenfalls im Vakuumkessel, allerdings ohne Aufheizung. Der Ölschiefer ist nach der Aushärtung des Gießharzes fast kratzfest. Ein Nachteil dieser Konservierung besteht darin, daß eine spätere Freilegung nahezu unmöglich ist. Deshalb muß das Fossil vor der Konservierung auf der Schauseite vollständig freigelegt werden. Des weiteren nehmen hierbei das Fossil und der Ölschiefer fast dieselbe Farbe an und sind daher kaum voneinander zu unterscheiden. Solange dieser Nachteil nicht behoben ist, kann diese Konservierung, die sich in der Entwicklung befindet, nicht empfohlen werden.

Unabhängig vom Konservierungsmittel ist es bis heute nicht gelungen, die schillernden Farben von Insekten, besonders mancher Käfer, auf Dauer zu erhalten. So bleibt nur die Möglichkeit, die bei der Bergung noch kräftigen Farben durch eine Farbfotografie zu dokumentieren (Abb. F2, F5 und F8).

Umbettung von Fossilien auf eine künstliche Matrix

Bei der Umbettung wird das Fossil in seiner ursprünglichen Lage auf einen künstlichen Träger (Matrix) übertragen (transferiert). Es gibt verschiedene Transfer-Methoden, von denen mindestens zwei für Messelfossilien angewendet werden können: die Lackfilm-Methode und die Umbettung auf einen stabilen Träger aus Gießharz oder Kreidewachs.

Bei der Lackfilm-Methode (277) wird ein

D12 Auf einen Kunstharzträger aufgeklebte Lackfilme eines in der Mittelebene aufgespaltenen Vogels, Höhe der Lackfilme 17 cm. HLMD Me 7473

D13 Lackfilmpräparat von Schwanzwirbeln mit Fell von *Ailuravus macrurus*, Länge des Lackfilms 20 cm. HLMD Me 156

Lack als dünne Schicht auf eine (oft senkrechte) Sedimentoberfläche aufgetragen oder gesprüht; er dringt auch etwas in das Sediment ein und verbindet sich mit ihm. Der so entstandene flexible Film kann dann vom Untergrund abgelöst werden. Auf dem abgezogenen Film befindet sich je nach Eindringungstiefe des Lackes eine mehr oder weniger dicke Schicht des Sediments, dessen Oberfläche nunmehr von der anderen Seite, also spiegelverkehrt zu sehen ist. Zum Transport kann der Film gerollt und später zur Stabilisierung mit der Lackseite auf ein Brett o. ä. geklebt werden (Abb. D12).

Der für die Lackfilm-Methode benutzte Zelluloselack wurde als Geiseltallack bekannt. Aus dem Geiseltal bei Halle stammen – ebenfalls aus dem Mittel-Eozän – ähnliche Fossilien, wie sie in der Grube Messel gefunden werden (146).

Heute stehen je nach Anwendungsgebiet unterschiedliche Materialien für Lackfilme zur Verfügung. Wegen des hohen Wassergehaltes des Ölschiefers von Messel erbringt keines dieser Mittel zufriedenstellende Ergebnisse bei der Konservierung der Fossilien. Das HLMD besitzt aber einige ältere Lackfilmpräparate, die von vielfältigen Versuchen zeugen (Abb. D13).

Statt auf einen Lackfilm kann der Transfer auch auf eine dickere Platte als künftigen Träger des Fossils erfolgen (Abb. D14). Das auf dem Ölschiefer freiliegende Fossil wird hierzu mit Modellierton umgrenzt, so daß es wie am Boden einer flachen Schüssel liegt. Nun läßt man das Fossil zwar trocknen, hält den Ölschiefer um das Fossil aber feucht. Eine zunächst flüssige Trägermasse wird dann in das umgrenzte Becken gegossen und dringt dabei in das Fossil, nicht aber in den Ölschiefer ein. Nach der Erstarrung der Masse wird das Ganze gewendet und der ursprüngliche Träger des Fossils, der Ölschiefer, entfernt. Das Fossil ist nun nur noch mit dem künstlichen Träger verbunden und wird von ihm gestützt.

Ein Problem besonderer Art ergibt sich bei der Präparation verzweigter Äste.

Während Tierfossilien vor dem Aufgießen des Kunstharzes trocknen, ohne zu schrumpfen, reagiert Holz hingegen völlig anders und zeigt an vielen Stellen Risse. Deshalb werden größere Äste weitgehend ausgehöhlt. Es verbleibt nur die äußere Schicht, die halbkreisförmig im Kontakt zum Ölschiefer steht, vergleichbar mit einem längs halbierten Schlauchstück. Kurz bevor das Holz völlig getrocknet ist und sich Risse bilden können, wird Kunstharz, das nur noch eine millimeterdicke Schicht durchdringen muß, auf die Äste gegossen. Diese Präparation hat den Verlust eines großen Teils des Fossils zur Folge und sollte deshalb nur in Ausnahmefällen, etwa bei einem als Schaustück sehr gut geeigneten Objekt, angewendet werden (Abb. D15).

Eine besondere Situation liegt beim Fund eines großen Skelettes vor, z. B. eines Krokodils, wenn dessen Knochen verstreut im anstehenden Ölschiefer eingebettet sind (Abb. F10). Ist die Ausdehnung des Streufeldes nicht absehbar oder der Ölschiefer stark zerklüftet, so wird das Fossil schon vor der Bergung freigelegt und es bietet sich an, den Fund gleich im Gelände mit Kunstharz zu übergießen. Da das Gießharz aber noch flüssig ist, muß die Fläche, auf der das Fossil liegt, nahezu horizontal sein, um eine überall einigermaßen gleichstarke Trägerplatte zu gewinnen. Bei einer leichten Neigung kann das flüssige Gießharz, unten beginnend, in mehreren Stufen auf den Fund gegossen werden, sobald die jeweils letzte Stufe zu erhärten beginnt (Abb. C6). Im Gelände wird dann die Gießharzplatte mit dem darunter liegenden Ölschiefer geborgen. Im Labor kann dann der Ölschiefer abgetragen werden. Zwei Krokodilskelette von *Diplocynodon darwini* (Abb. F10 und F27) wurden auf diese Weise geborgen.

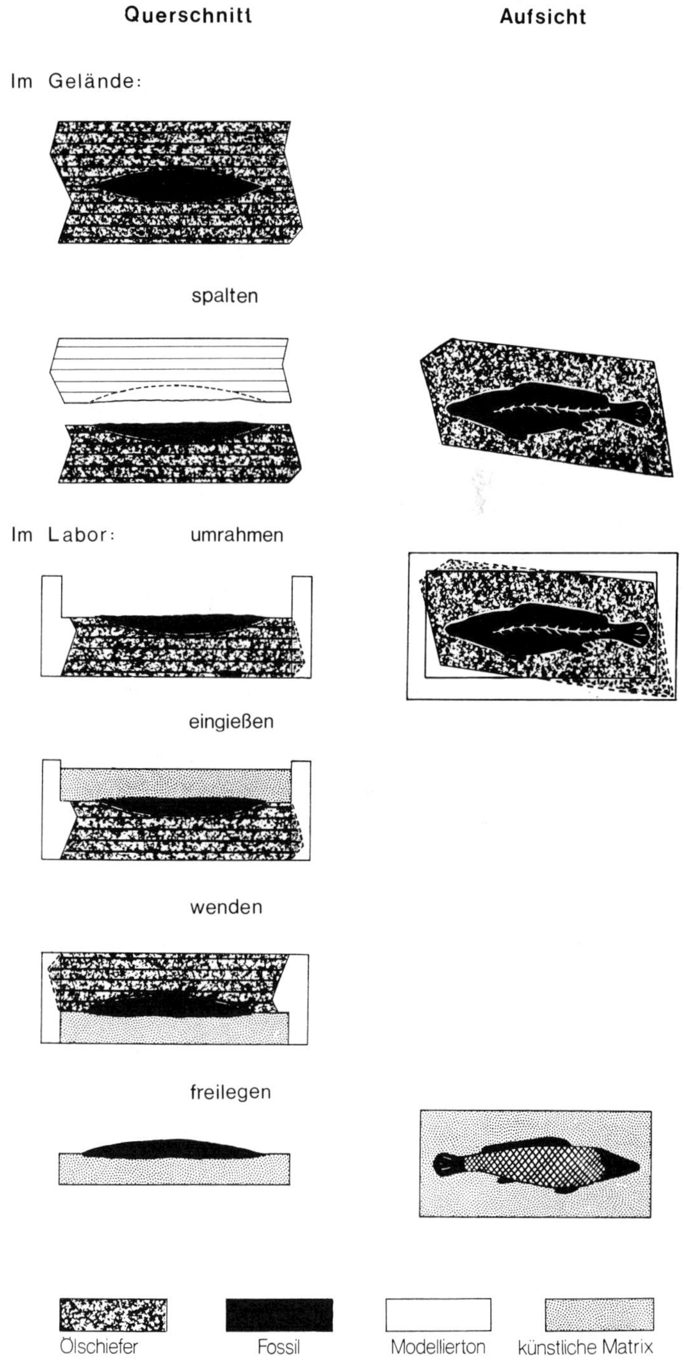

D14 Schema der Fossilienumbettung auf Gießharz

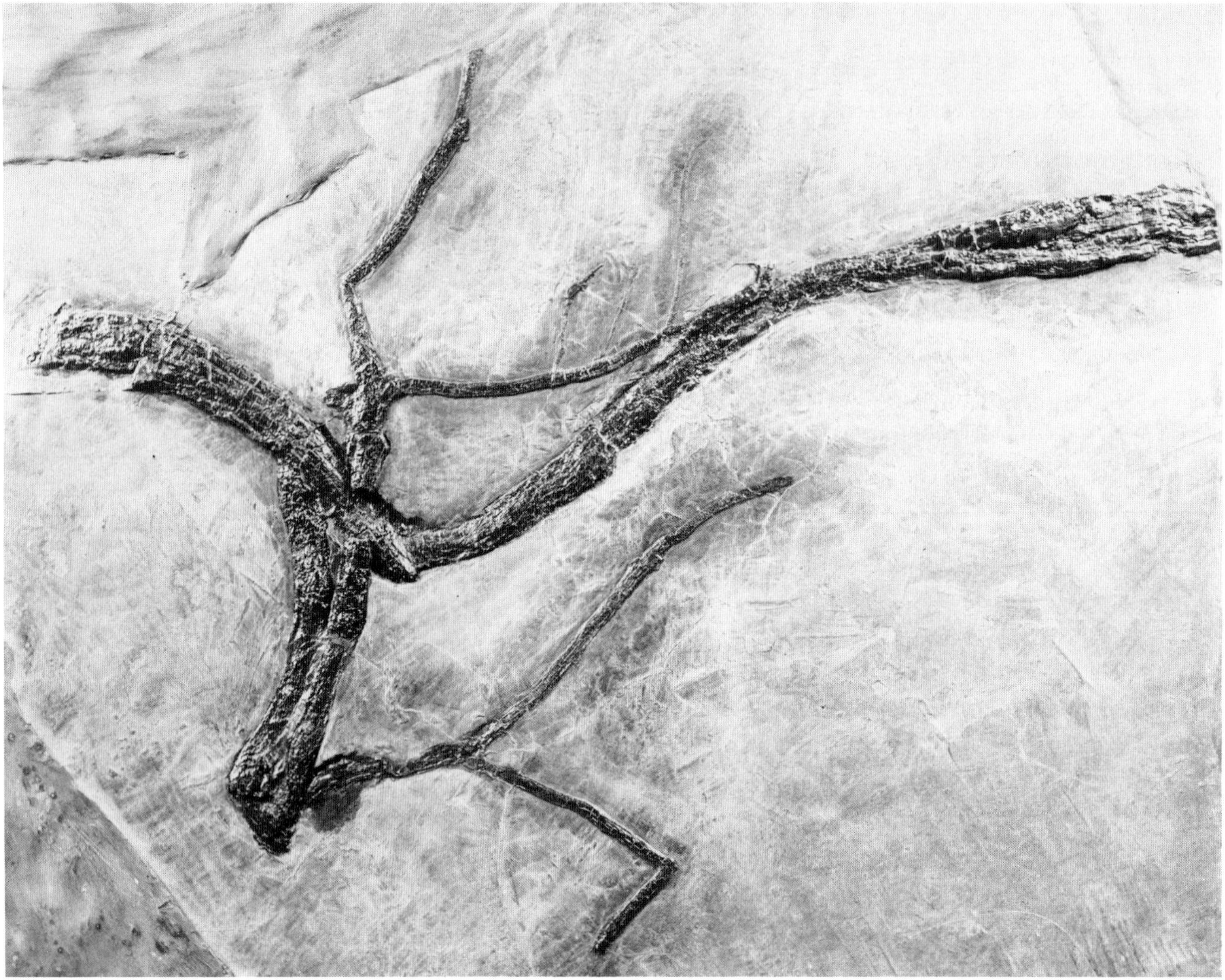

D15 Verzweigte Äste, die auf einen Kunstharzträger umgebettet wurden, Größe des Präparates 79 cm × 66 cm. HLMD Me 8010

Abtragung des Ölschiefers nach der Umbettung

Sobald die künstliche Trägerplatte aus Kreidewachs oder Gießharz genügend gehärtet ist, kann das Präparat gewendet und der Ölschiefer abgetragen werden. Das geschieht zunächst grob mit Messern, später feiner mit Bürsten und zuletzt mit einem Staubstrahlgerät. Bei diesem Gerät werden durch Druckluft Körnchen bis 0,05 mm Durchmesser aus einer feinen Düse geblasen und damit Ölschieferpartikel abgesprengt. Wenn direkt auf dem Fossil haftender restlicher Ölschiefer zu entfernen ist, muß unter dem Binokular gearbeitet werden, damit nicht ungewollt ebenfalls Teile des Fossils abgetragen werden. Um den Präparator nicht unnötig dem Staub auszusetzen, liegt das Präparat dabei in einer mit Glas abgedeckten Kammer, aus welcher der Staub ständig abgesaugt wird. Lediglich die Hände greifen durch eine Gummimanschette hinein und führen die Düse (Abb. D16). Um härtere Zonen abzutragen, wird Aluminiumoxid benutzt; für eine Abtragung direkt über dem Fossil empfehlen sich Glaskügelchen, die durch ihre runde Form eher polierend wirken (Abb. D17).

Ölschiefer wechsellagert manchmal mit Schichten aus Siderit (116). Oft bildet dieser auch einen Mantel um ein Fossil. Siderit ist härter als Ölschiefer, zumal wenn er durch seine schnelle Trocknung (ähnlich wie das Fossil) beim Umbettungsvorgang mit Gießharz durchtränkt wurde. In einem solchen Fall dauert das Abtragen von Sediment auf dem Fossil erheblich länger.

Anstelle des Staubstrahlgerätes ist auch der Einsatz von Kalilauge möglich, um den restlichen Ölschiefer zu entfernen (153, 293). WALCH benutzt zum Absprengen des Siderits von den Fossilien eine Kombination von Ätznatron und Wasserstoffperoxid (278).

Oft wird der Präparator gefragt, wie lange er an einem Fossil arbeitet, bis es ausgestellt werden kann. Zu berücksichtigen ist dabei die Größe und der Erhaltungszustand des Fossils sowie die Härte des Sediments (Ölschiefer, Siderit). So liegen die Angaben zwischen einem Tag und etlichen Monaten.

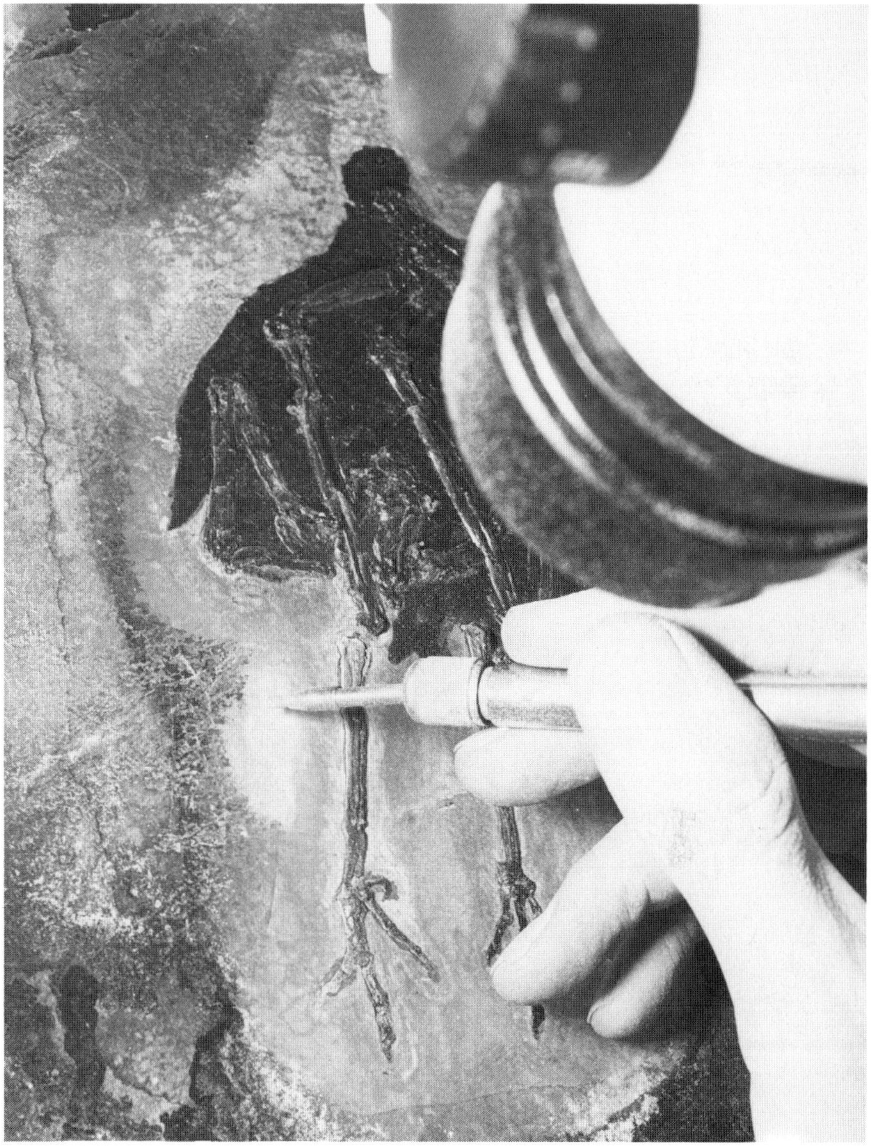

D16 Kunstharzträger mit einem Vogel und etwas Ölschiefer. Darüber die Düse eines Staubstrahlgerätes zum Abtragen des Ölschiefers. HLMD Me 7501

D17 Mit dem Staubstrahlgerät fensterförmig von Sediment befreites Schuppenkleid mit Flossensaum von *Atractosteus strausi.* HLMD Me 7528

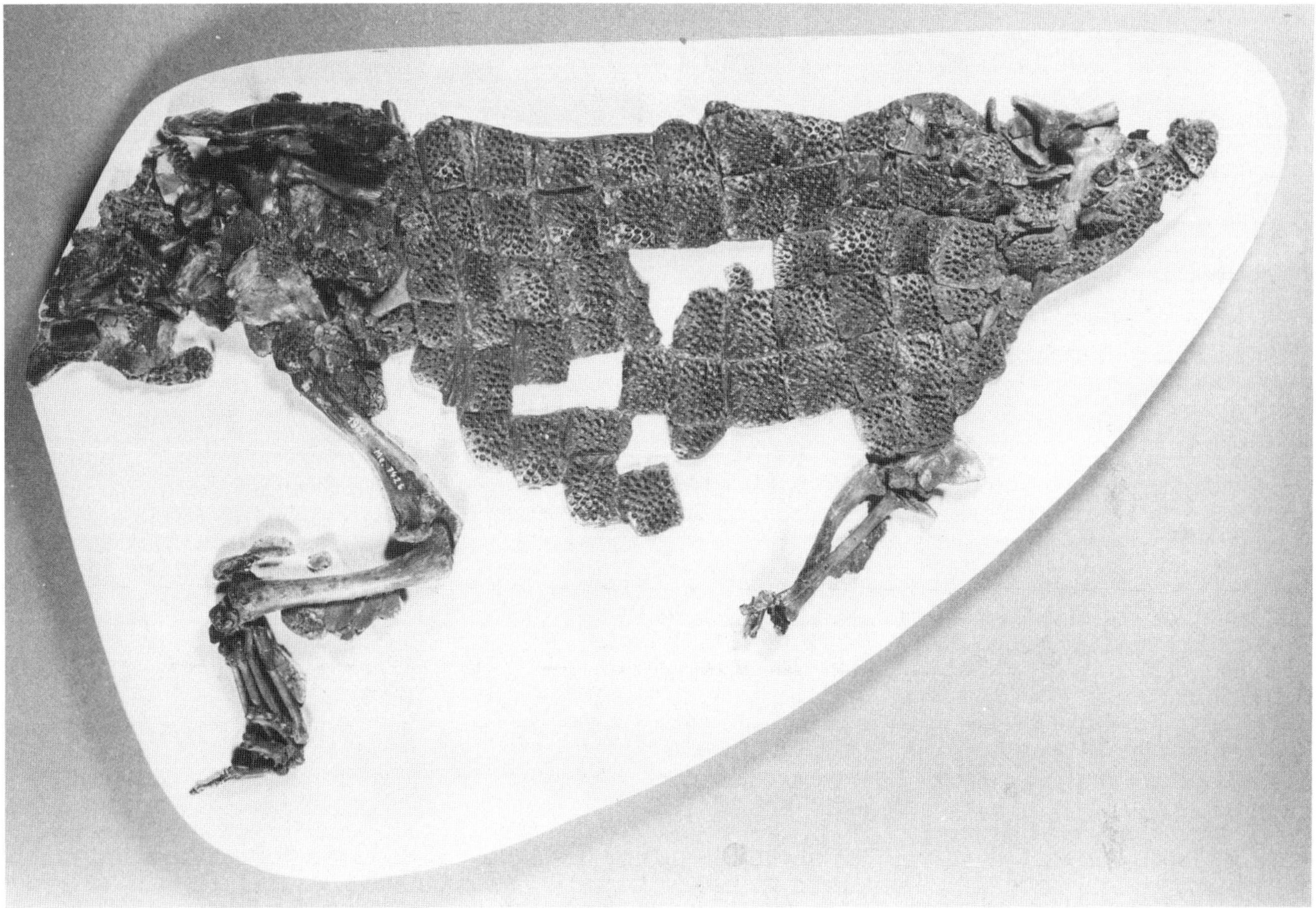

D18 Teilskelett von *Diplocynodon darwini* auf einem abgerundeten Kreidewachsträger, Länge der Kreidewachsplatte 48 cm. HLMD Me 7426

Künstliche Matrix im Wandel der Zeit

Die Transfer-Methoden haben besonders durch die Entwicklung neuer Materialien einen Wandel erfahren und werden sicher auch in Zukunft noch modifiziert werden.

Mit der Übertragung von Teilchen fossiler Wirbeltiere auf einen Zellulosefilm (275) war 1933 in Hamburg die Lackfilm-Methode geboren. Daran schloß sich 1950 in London die Transfer-Methode mit Polyesterharz an (274). Die erste deutsche Arbeit darüber schrieb KÜHNE 1961 (150); ein Jahr später stellte derselbe Autor diese Methode auch für Messelfossilien vor (151).

Parallel dazu wurde Ende der fünfziger Jahre im HLMD für Fossilien anderer Fundstellen die Umbettung auf Kreidewachs, einer Mischung aus Schlämmkreide, Bienenwachs und Kolophonium, entwickelt und in den folgenden Jahren auch bei Messelfossilien angewandt (155) (Abb. D18). Der Vorteil gegenüber anderen künstlichen Trägern liegt darin, daß durch partielles Wegschmelzen des Kreidewachses auf der Rückseite des Präparates noch zusätzliche Informationen über das Fossil erlangt werden können. Von Nachteil ist, daß sich die oft vorhandenen Weichteile (Fell, Federn) nicht vom Ölschiefer auf

Kreidewachs übertragen lassen.

Ab 1974 wurden die Messelfossilien im HLMD dann bevorzugt auf Polyesterharz umgebettet. Die Rückseiten der Präparate wurden poliert, so daß man auch das Innenskelett von hinten durch das Polyesterharz betrachten kann. Dies wird heute nicht mehr durchgeführt, kann aber von Fall zu Fall jederzeit nachgeholt werden.

Die vom HLMD zwischen 1966 (149) und 1976 bei planmäßigen Grabungen geborgenen Fossilien wurden aus Gründen der Platzersparnis überwiegend auf abgerundetem Sockel aus dem Ölschiefer geschnitten. In dieser Form (Abb. D18 und F49), die auch dem Zeitgeschmack entsprach, wurden die Fossilien dann entweder mit dem Ölschiefer in Glycerin konserviert oder auf eine künstliche Matrix übertragen. In einer für 1979 geplanten Sonderausstellung im HLMD sollten die Messelfossilien der Öffentlichkeit vorgestellt werden. Um sie auf einem neutralen Träger präsentieren zu können, dessen Umriß von der Form der Fossilien unabhängig sein sollte, wurden sie ab 1977 meist auf einem rechteckigen Sockel geborgen. Dies vereinfachte die Übertragung auf eine rechteckige künstliche Matrix, weil andernfalls der Ölschiefersockel erst mit Ton zu dieser Form ergänzt werden mußte.

Auch die Färbung des künstlichen Trägers kann unterschiedlich gehandhabt werden. Bei der Umbettung der von 1972 bis 1974 von Privatsammlern geborgenen Fossilien war man bemüht, der künstlichen Matrix das Aussehen der natürlichen zu geben (20). Deshalb wurde das Gießharz ölschieferartig eingefärbt oder angemalt, meist ohne Rücksicht auf das große Farbspiel des Ölschiefers. Dieser ist nämlich nicht einheitlich grau, sondern je nach Schichtlage dominieren manchmal Rot-, Grün- oder Gelbtöne im Wechsel mit Erdfarben.

Im Gegensatz dazu steht das Bemühen des HLMD, eine optische Trennung zwischen Natürlichem und Künstlichem zu ziehen. Deshalb wird die Farbe des Polyesterharzes nicht verändert. Lediglich mit einem Staubstrahlgerät wird die Oberfläche der Trägerplatte um das Fossil herum matt gestrahlt. Deutlich ist das originale Fossil von der künstlichen Matrix zu unterscheiden (Abb. D19).

Bei manchen in der Grube Messel gefundenen Fossilien ist auch das Federkleid, das Fell oder die Flughaut überliefert. Mit der Methode des Transfers auf Kreidewachs oder Polyesterharz gelingt die Übertragung dieser feinen Strukturen allerdings nicht oder nur unvollkommen. Das Forschungsinstitut Senckenberg, Frankfurt/M., welches seit 1975 ebenfalls regelmäßig Fossiliengrabungen in der Grube Messel durchführt, hatte schon in früheren Jahren für Präparationen Epoxidharz mit Erfolg eingesetzt (278). Es lag nun nahe, dieses Gießharz auch für Messelfossilien als künstliche Matrix zu benutzen. Das verwendete Epoxidharz ist honigfarben und bruchunempfindlich und schrumpft nur um ca. 0,2%, weil die zu vermischenden Komponenten bei richtigem Mischungsverhältnis völlig in die Polymerisationskette eingebaut werden. Polyesterharz dagegen ist farblos, spröde und bricht leicht wie Glas, hervorgerufen durch die Verflüchtigung chemischer Stoffe, was Polyesterharz um ca. 2% schrumpfen läßt und Spannungen im ausgehärteten Kunstharz erzeugt.

Schon bei den ersten Messelfossilien, die 1980 im HLMD auf Epoxidharz umgebettet wurden, zeigte sich, daß Weichteile gut zu übertragen sind. Zusätzlich konnte auch eine dünne Schicht des Ölschiefers übertragen werden.

Die Übertragung von Weichteilen hatte Konsequenzen für die Bearbeitung der Trägerplatte. Wurde bislang die künstliche Matrix um das Fossil matt gestrahlt, so war die Grenzziehung etwa zwischen Knochen und Gießharz eindeutig. Ränder von Weichteilen sind aber oft unscharf und nun wäre der Präparator gezwungen, eine mehr oder weniger willkürliche Grenze festzulegen. Ein ähnliches Problem ergibt sich, wenn manche Präparatoren die Oberseite des Trägers bis an das Fossil heran anfärben. Um nachprüfbare Verhältnisse zu schaffen, wird im HLMD eine rechteckige Maske auf Fossil und Matrix gelegt, die das Fossil an allen Stellen weit überragt. Nur ein schmaler äußerer Rand des Trägers wird durch Abstrahlen völlig vom Ölschiefer befreit (Abb. D20). Damit bleibt einerseits die Künstlichkeit des Trägers erkennbar, andererseits das natürliche Umfeld des Fossils unverändert, denn der sichtbare Ölschiefer um das Fossil ist echt und nicht etwa künstlich aufgetragen. Allerdings können Fehlstellen durch Farbauftrag optisch gemildert werden,um den Gesamteindruck nicht zu stören, doch so, daß sie als solche kenntlich bleiben.

Das Nebeneinander von farblosen Polyester- und honiggelben Epoxidharzträgern führte in der Ausstellung zu einem uneinheitlichen Bild. In den vergangenen Jahren wurde ein farbloses Epoxidharz bekannt, das es erlaubt, die Gießharzträger optisch einander anzugleichen. Weil die Wasserverträglichkeit des neuen Epoxidharzes aber ungünstiger ist, wird bei der Umbettung erst eine dünne Schicht des gelben Epoxidharzes auf Fossil und Ölschiefer auftragen und dann erst die Trägerplatte aus farblosem Epoxidharz gegossen.

Bewußt werden in der Ausstellung von Messelfossilien im HLMD Präparate aus den verschiedenen Phasen der Präparationstechnik gezeigt. Sie zeichnen ganz beiläufig den geschichtlichen Weg nach und sollen betonen, daß es keine zeitunabhängige ideale Präparationsmethode gibt.

D19 Mit dem Staubstrahlgerät bis zum Fossilrand matt gestrahlter Polyesterharzträger, Schädellänge des Vogels 46 mm. HLMD Me 7961

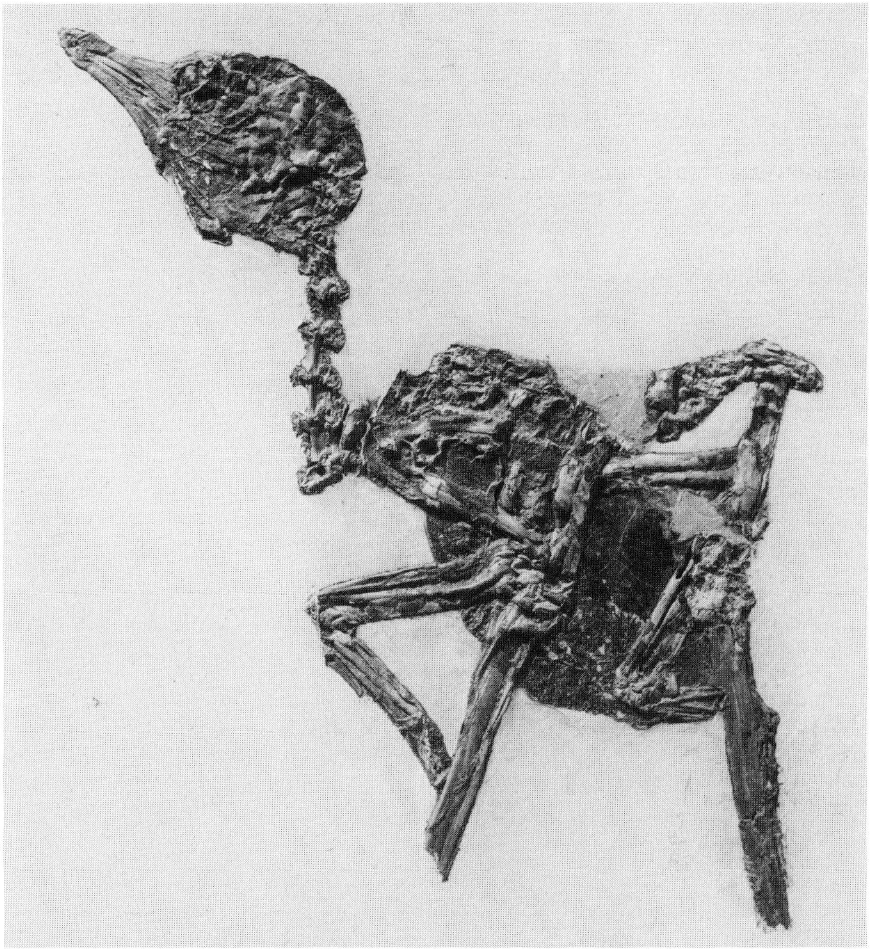

D20 Epoxidharzträger mit *Thaumaturus intermedius*, übertragenem Ölschiefer und freigestrahltem Rand, Länge des Fisches 54 mm. HLMD Me 7954

E

Pflanzenfossilien der Messel-Formation

Carmen Heunisch

E10 Blatt eines Seerosengewächses.
HLMD-Me 7195.

Pflanzenfossilien gehören in der Grube Messel zu den häufigsten Fossilien. Da die Präparation von Pflanzenfossilien aus dem Ölschiefer schwierig ist (siehe Kap. D), sind von den alten Aufsammlungen jedoch heute nur noch relativ wenige Präparate erhalten. Bei den neuen systematischen Ausgrabungen werden Pflanzen- gleichermaßen wie Tierfossilien gesammelt.

Bearbeitet werden die Pflanzenfossilien vorwiegend von der Arbeitsgruppe Paläobotanik des Senckenberg-Museums in Frankfurt/M. unter Leitung von Priv. Doz. Dr. F. Schaarschmidt. Erstmals erwähnt wurden Messeler Pflanzenfossilien von WITTICH im Jahr 1898 (295). Er beschreibt pflanzliche Reste aus den hangenden Braunkohlenschichten und beklagte die schlechte Erhaltung der Fossilien, die eine Identifizierung erschwert. Die erste systematische Bearbeitung von Blättern, Früchten und Samen aus der Grube Messel wurde von ENGELHARDT (44) durchgeführt. Während man damals morphologische Kriterien, wie Blattumriß und Aderung, als Bestimmungsmerkmale heranzog, bedient man sich heute moderner Untersuchungsmethoden. Im Vordergrund steht die Kutikularanalyse, die an Messeler Pflanzenmaterial erstmals von STURM (256) durchgeführt wurde.

Die Kutikula (Abb. E2, E3) ist eine wachsartige, sehr widerstandsfähige Schutzschicht, die über der Epidermis liegt und ihre Oberfläche mit der Zellaufteilung durchpaust. Zu den „Fingerabdrücken", nach denen Blätter systematisch eingeordnet werden können, zählen vor allem Spaltöffnungsapparate und Haarbasen. Kutikularpräparate werden mit Hilfe der Mazerationsmethode gewonnen. Eine mögliche Untersuchungsmethode ist die Auflichtfluoreszenz.

Blätter

Die Flora der Umgebung des Messeler Sees läßt sich vor allem aus Tausenden von aufgefundenen Blättern rekonstruieren. Die Blätter sind nicht nur häufig, sondern auch sehr vielgestaltig. Bei ihrer Bestimmung ergibt sich jedoch nicht nur die Schwierigkeit, die ca. 50 Millionen Jahre alten Pflanzenteile mit den heute existierenden Pflanzen zu vergleichen, sondern auch die, daß die Pflanzenvergesellschaftungen eine tropisch-subtropische – nach MAI eine paratropische (161) – Vegetation widerspiegeln, die wesentlich artenreicher als unsere heutige mitteleuropäische Vegetation ist. Klimatisch vergleichbare Pflanzenvergesellschaftungen findet man heute in Tiefland- und Bergregenwäldern in China und Südostasien (161).

Die bedecktsamigen Blütenpflanzen (Angiospermen) dominieren über die nacktsamigen Blütenpflanzen (Gymnospermen). Unter den Angiospermen sind die zweikeimblättrigen *(dikotylen)* Blütenpflanzen (Abb. E9 u. E10) am häufigsten vertreten. Einen großen Anteil besitzen die Lorbeergewächse (Lauraceae) (256). Ebenfalls häufig sind Walnußgewächse (Juglandaceae). Eine ganze Anzahl von Formen konnte bislang keinen bestimmten Pflanzenfamilien zugeordnet werden (292).

E11 Koniferenzweig (*Doliostrobus* sp.) mit schuppenartigen Blättern; Gesamtlänge 1,9 cm. HLMD-Me 8058.

Die Farbskala der fossilen Blätter reicht von Dunkelbraun bis Schwarz (Abb. E9) über Rostrot bis zu grünen Blättern, wobei es sich allerdings nicht, wie es bei manchen Blättern aus der etwa altersgleichen Braunkohle des Geiseltals bei Halle der Fall ist, um erhaltenes Chlorophyll, sondern um Mineralauflagerungen handelt.

Einkeimblättrige *(monokotyle)* Blütenpflanzen sind im Vergleich zu den zweikeimblättrigen in geringerer Artenvielfalt vertreten. Bisher sind 5 Familien bekannt,

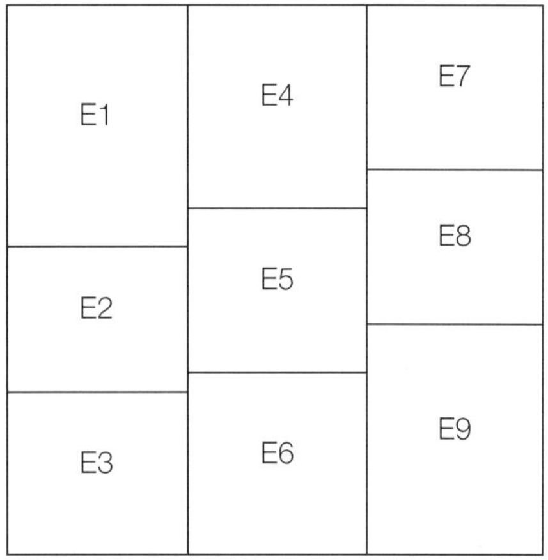

E1 Langnadelige Konifere *(Cephalotaxus* sp.); Zweiglänge 3 cm. HLMD-Me 8874.

E2 Blattkutikula (Oberseite) einer langnadeligen Konifere; Fluoreszenzaufnahme. HLMD-Me 8874.

E3 Blattkutikula (Unterseite) einer unbestimmten dikotylen Pflanze, mit Spaltöffnungen; Fluoreszenzaufnahme. HLMD-Me 8993.

E4 Zapfenschuppe von *Doliostrobus* sp.; Länge 1,8 cm. HLMD-Me 9068.

E5 Tricolpater Pollen aus den Staubgefäßen einer unbestimmten Blüte; Fluoreszenzaufnahme. HLMD-Me 8990.

E6 Fleischige Frucht (heller Rand) mit Samen; Ø 10,9 mm. HLMD-Me 9078.

E7 Palmenblüte; Länge 9,9 mm. HLMD-Me 9067.

E8 Monocolpate Pollen aus den Staubgefäßen der Palmenblüte; Fluoreszenzaufnahme. HLMD-Me 9067.

E9 Blatt einer unbestimmten zweikeimblättrigen Pflanze; Länge 4,7 cm. HLMD-Me 9074.

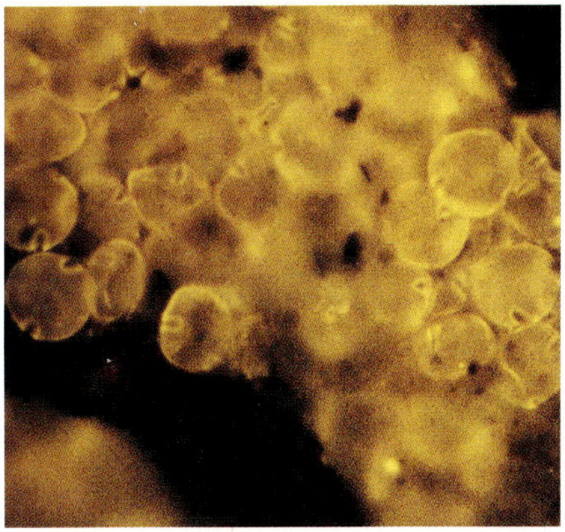
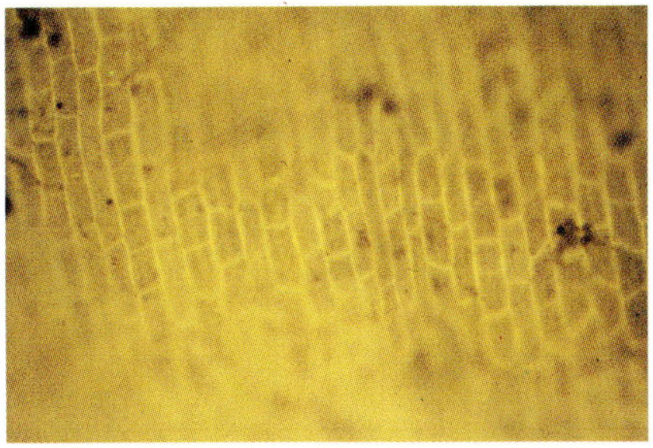
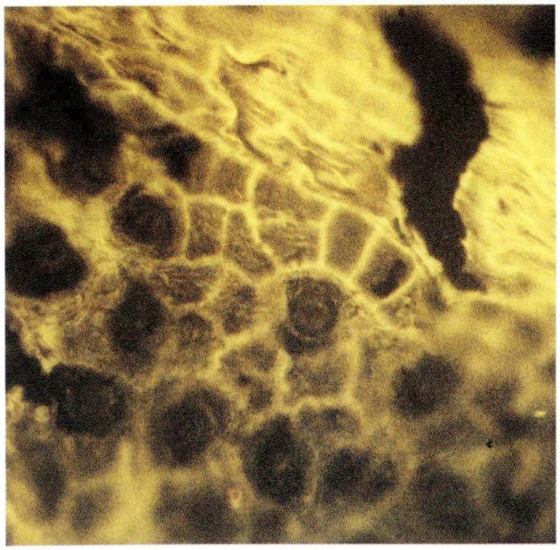

darunter auch Blattfragmente von (Fieder-) Palmen. Gräser konnten bisher weder aus der Grube Messel noch aus anderen Pflanzenfundstellen des Lutet sicher nachgewiesen werden.

Koniferen als Vertreter der Gymnospermen sind im Vergleich mit den Angiospermen nur sehr spärlich vertreten. Sie sind sehr formenarm. Im wesentlichen sind zwei Nadeltypen vorhanden: Koniferen mit schuppenartigen Blättern *(Doliostrobus*, Abb. E11), die bereits aus den älteren Aufsammlungen bekannt sind (43), und ein langnadeliger Typ *(Cephalotaxus*, Abb. E1 u. E2).

Farne bevorzugen feuchte Standorte in feuchtem Klima. Deshalb dürften sie in der Umgebung des Messeler Sees und seiner Zuflüsse häufige Florenvertreter gewesen sein. Blätter von Farnen zählen jedoch zu den seltensten Blattfossilien aus der Grube Messel.

Bei allen diesen Blättern handelt es sich um eingeschwemmte Pflanzenreste, die Hinweise auf die lokale, eventuell regionale, Flora des Seeufers und des Hinterlands geben. Aber es sind auch Wasserpflanzen überliefert: Große Seerosenblätter *(Nymphaeaceae*, Abb. E10) sind zahlreich vorhanden. Leider sind sie wegen ihrer Größe nur selten vollständig zu bergen.

Blüten und Pollen

Neben Blättern und, untergeordnet, kohlig erhaltenen Holzresten werden selten auch Blüten gefunden, die von SCHAARSCHMIDT bearbeitet werden. Am häufigsten sind die im Durchschnitt 8 mm großen Palmenblüten (Abb. E7). Weiterhin wurden bisher Magnolialen-, Tiliaceen-, Nymphaeaceen-Blüten, ein Sapindales-Blütenstand (227) sowie eine vermutliche Rubiaceen-Blüte (226) beschrieben.

Bei der Betrachtung der Blüten im Auflichtfluoreszenz-Mikroskop sind oftmals noch die Staubbeutel mit ihrem Polleninhalt zu erkennen (Abb. E5 u. E8). Die nur wenige µm großen Pollen sind sehr häufige und formenreiche Mikrofossilien. Für die

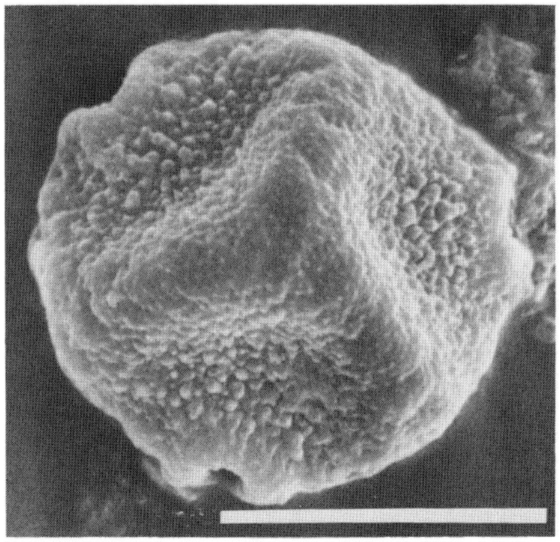

E12 Unbestimmter tricolpater Pollen aus dem Ölschiefer; REM-Aufnahme, Maßstab 0,01 mm.

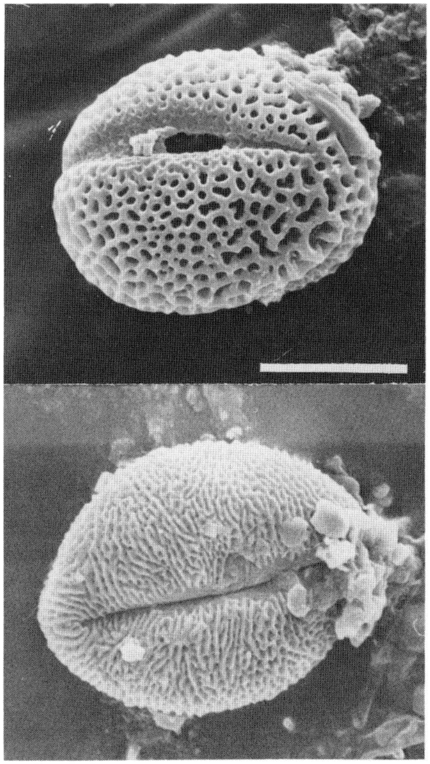

E13 Zwei unbestimmte triporate Pollen aus dem Ölschiefer; REM-Aufnahme, Maßstab 0,01 mm.

zeitliche Einordnung der Messeler Schichten und für Klimarekonstruktionen spielen sie eine wichtige Rolle.

Der fossile Blütenstaub befindet sich in der Regel feinverteilt im Sediment und wird aus ihm durch chemische Aufbereitung herausgelöst und angereichert. Da er hier jedoch dispers, ohne Bezug zur Mutterpflanze, vorkommt ist eine Zuordnung dieser Pflanzenteile in das natürliche System der Pflanzen häufig nur schwer möglich. Blüten mit Polleninhalt sind daher ein seltener Glücksfall, da Blüten aufgrund ihrer größeren Merkmalsvielfalt eindeutiger in die Pflanzensystematik einordenbar sind und über die Blüte dann auch die Bestimmung des Pollens möglich ist.

Palynologisch bearbeitet wurden und werden die Messeler Schichten durch SITTLER (233) und THIELE-PFEIFFER (261). Die Arbeiten bestätigen die zeitliche Einordnung in das mittlere Eozän (Lutet). THIELE-PFEIFFER (261) konnte zudem bisher 146 Pollen- und 27 Sporenarten unterscheiden. Windblütige Pflanzen sind hier häufiger vertreten als Insektenblütler. Zu den durch Pollen repräsentierten Windblütlern gehören *Pinus*, die Familien Cupressaceae/Taxodiaceae, Myricaceae, Juglandaceae, Ulmaceae. Insektenblütige Pflanzen sind durch Pollen der Familien Palmae, Symplocaceae, Tiliaceae, Cyrillaceae, Mastociaceae, Vitaceae, Rosaceae, Araliaceae, Sapotaceae u. a. vertreten (261) (E12 und E13).

Auch Farnpflanzen sind durch ihre Sporen repräsentiert. Jedoch treten sie sowohl arten- als auch mengenmäßig stark hinter die Vielfalt der Pollen zurück. (261).

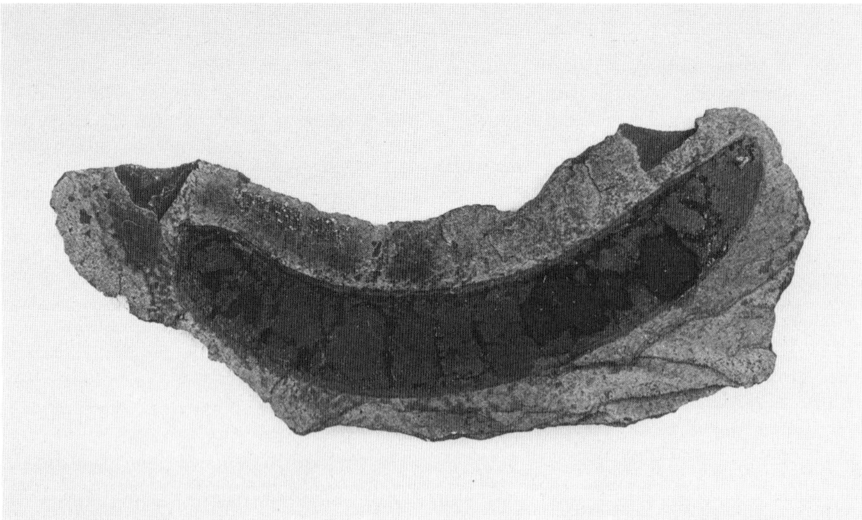

E14 Hülse eines Hülsenfrüchtlers, unbestimmt. HLMD-Me 1760.

samte Wasseroberfläche und sinken, wenn sie zu schwer werden, als meterdicke Pakete auf den Seeboden ab. Für den Abbau des Algenmaterials benötigen die am Boden tätigen Mikroorganismen den gesamten Sauerstoff, setzen dabei u. a. Schwefelwasserstoff (H_2S) (143) frei, und schaffen dadurch einen sauerstofffreie (anaerobe) Atmosphäre, in der ein Verwesen oder Vermodern der Tierleichen nicht mehr möglich ist und auch Freßfeinde ferngehalten werden.

Diatomeen, deren Gehäuse aus Kieselsäure aufgebaut sind, sind ebenfalls aus der Grube Messel nachgewiesen. Da unter den chemischen Bedingungen, die bei der Diagenese des Ölschiefers herrschen, Kieselsäureskelette in der Regel aufgelöst werden, sind nicht mehr die Schalen der Diatomeen erhalten, sondern lediglich wenige µm große Hohlräume, die die Schalenstrukturen nachzeichnen (79).

Früchte und Samen

Häufiger als Blüten werden Früchte und Samen (Abb. E4, E6, E13–E20) gefunden. Im Ölschiefer haben sie den gleichen Erhaltungszustand wie die übrigen Pflanzenfossilien, so daß zwar die äußere Kutikula in ihrer ursprünglichen Ausbildung vorhanden ist, über den inneren Aufbau jedoch nur selten Aussagen gemacht werden können. In einer Fundstelle (SMF 7), die oberhalb des Ölschiefervorkommens liegt, sind die Früchte und Samen in dem dort vorkommenden lockeren sandigen Sediment noch körperlich erhalten und können durch Schlämmung und Auslese gewonnen werden.

Die Fruchtflora wird in der Hauptsache von COLLINSON (28, 29) untersucht. Sie konnte bislang 46 verschiedene Frucht- und Samenformen von Angiospermen unterscheiden; insgesamt werden aber mehr als 60 Arten erwartet. Zu den häufigsten Frucht- und Samen-Fossilien zählen Rutaceen (Rautengewächse), Vitaceen (Wein) und Palmenfrüchte. Eine Artenliste findet sich bei COLLINSON (29).

Pilze und Algen

Thallophyten („Lagerpflanzen") wurden bisher als Makrofossilien aus den Messeler Schichten nicht nachgewiesen. RICHTER konnte jedoch bei der Untersuchung des Magen- und Darminhalts von *Messelobunodon schaeferi* neben Blatt- und Fruchtresten auch Pilzreste feststellen, die das Tier bei seiner in der Laubstreuschicht des Waldbodens wühlenden Ernährungsweise gefressen hat. Auf Blättern sind zudem häufig Spuren von Pilzbefall zu finden (205).

Algen sind wegen ihrer Kleinheit sehr wichtige Messelfossilien, da sie zum einen den Hauptteil des organischen Materials im Ölschiefer liefern, das nach MATTHES (169) insgesamt 25% beträgt, und zum anderen die Grundlage für die gute Erhaltung der Tier- und Pflanzenfossilien schaffen. Die schnellwüchsigen Algen bilden dichte Beläge, die auf der Wasseroberfläche treiben. Unter bestimmten Voraussetzungen (z. B. jahreszeitlich bedingt oder reiches Nährstoffangebot) kommt es zu sogenannten „Algenblüten". Dicke Algenmatten bedecken in kurzer Zeit die ge-

Biochemische Nachweise von Bakterien und Pflanzenresten

Bakterien lassen sich aufgrund ihrer Kleinheit nur sehr schwer optisch nachweisen. Archaeobakterien, die typisch für ein sauerstofffreies, anaerobes Milieu sind, konnten jedoch biochemisch identifiziert werden (138). WUTTKE (300) konnte durch raster-elektronische Untersuchungen feststellen, daß es sich bei dem sogenannten „Hautschatten" der Weichteilerhaltung bei Wirbeltieren um versteinerte Zellkörper von Bakterien handelt.

Auch Pflanzen können mit biochemischen Methoden nachgewiesen werden. Ein Koniferenholz wurde durch aromatische Carbonsäuren identifiziert (87). Ebenfall biochemisch gelang der Nachweis von Dinoflagellaten, die zur Gruppe der Feueralgen gehören (87).

E15 Unbestimmte Frucht; Ø 12,1 mm. HLMD-Me 9076.

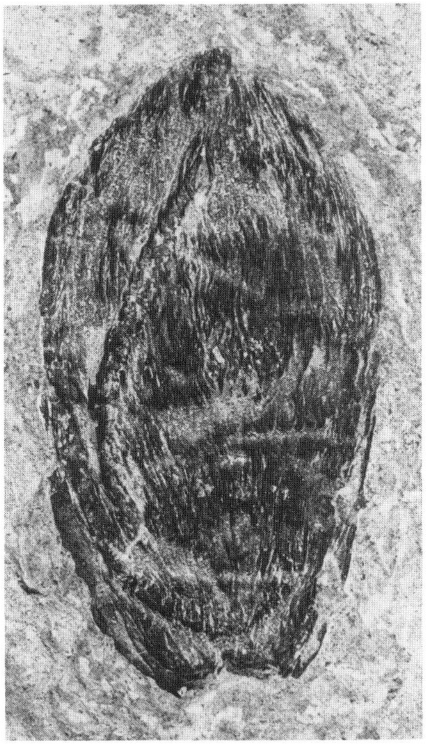

E16 Palmfrucht; Länge 22,2 mm. HLMD-Me 9077.

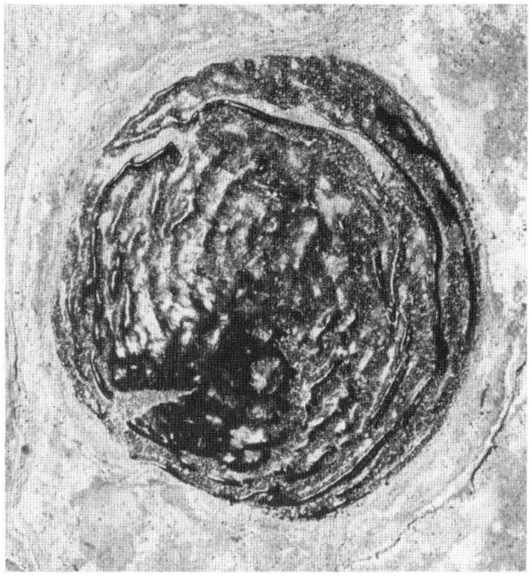

E17 Unbestimmte Frucht; Ø 13,7 mm. HLMD-Me 9062.

E18 Frucht einer Icacinaceae; Länge 10,4 mm. HLMD-Me 9065.

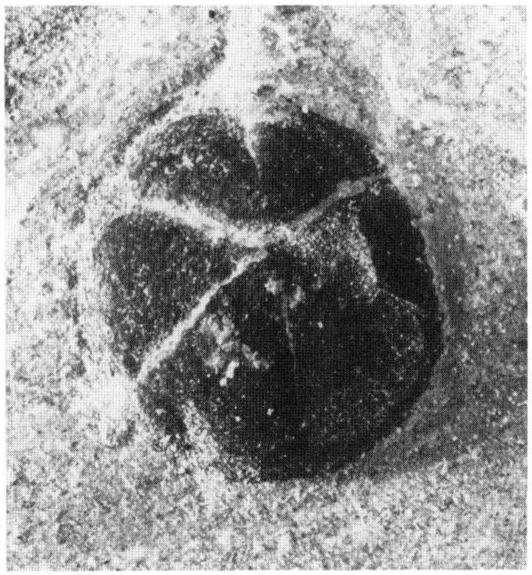

E19 Unbestimmte Frucht; Ø 5,2 mm. HLMD-Me 9070.

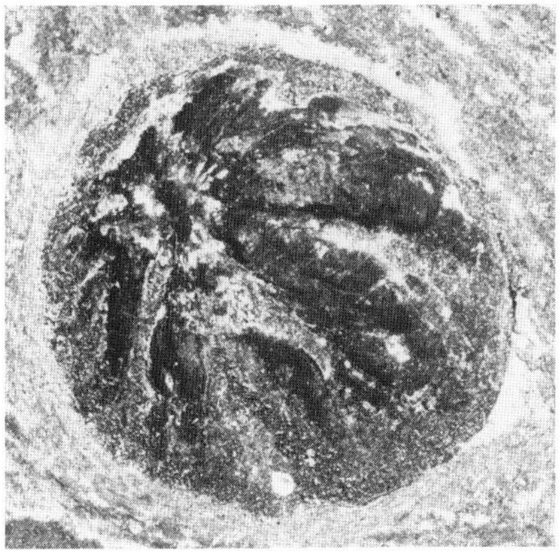

E20 Unbestimmte Frucht; Ø 12,3 mm. HLMD-Me 9066.

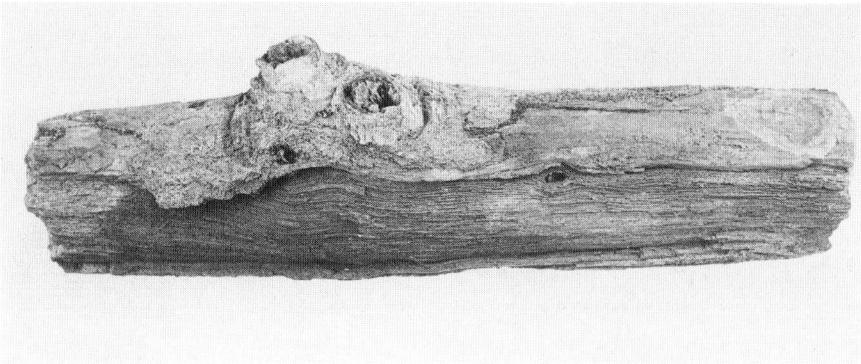

E21 Koniferenholz aus der Grube Prinz von Hessen. Länge: 21 cm. HLMD-Me 7066.

Klimatische und ökologische Aussagemöglichkeiten der Pflanzenfossilien

Bedingt durch ein tropisch-subtropisches Klima gab es im Eozän in Mittel- und Südeuropa eine „artenreiche immergrüne Lorbeer- und Regenwald-Vegetation" (161). Diese Klimaaussage wird für die Grube Messel durch die aufgefundenen Florenreste bestätigt, so z. B. durch Palmen und Lorbeergewächse, die heute nur in einem warmen Klima gedeihen. Die bei manchen Blatt-Typen ausgebildeten langgezogenen Träufelspitzen lassen auf ein feuchtes Klima schließen.

Von den durch Pollenanalysen nachgewiesenen Pflanzenfamilien haben heute 10 ein rein tropisches, 20 ein tropisch-subtropisches und 10 ein gemäßigtes Verbreitungsgebiet (261). Dies ist ein weiteres Indiz für ein tropisch-subtropisches Klima zur Eozänzeit.

Neben den stratigraphischen und klimatischen Aussagen sind die Beziehungen zwischen Flora und Fauna, die sich aus den Fossilien ableiten lassen, wichtig. Sie geben Hinweise auf die im Eozän existierenden Ökosysteme. So sind Beweise von Parasitismus vorhanden, z. B. Fraßspuren auf Blättern oder Hinweise auf auf Palmenblüten parasitierende Larven von Kleinschmetterlingen (225, 252).

E22 Schematische Darstellung einer Palme mit Adventivwurzelmantel.

Interessant sind Untersuchungen von Mageninhalten und Koprolithen von Insekten und Wirbeltieren, die dank der guten Fossilisationsbedingungen häufig möglich sind. Sie lassen Rückschlüsse auf die Ernährung der Tiere zu.

Pflanzenfossilien der Grube Prinz von Hessen

Die Fundschichten der Grube Prinz von Hessen sind heute nicht mehr zugänglich, und die dort gemachten Fossilienfunde stammen aus den 20er Jahren dieses Jahrhunderts. Da man damals noch nicht systematisch nach Pflanzenfossilien suchte, muß das Florenbild dieser Fundstelle lückenhaft bleiben. Die heute vorhandenen Blattfossilien (Abb. D10) sind nur noch schwer oder gar nicht zu identifizieren. Sie deuten jedoch eine ähnliche Artenvielfalt an, wie man sie in der Grube Messel findet.

Häufig gesammelte Pflanzenfossilien der Grube Prinz von Hessen sind große verkieselte und mit Brauneisen imprägnierte Holzreste, die im obersten Teil des Kohlenlagers in der Zeit um 1920 gefunden wurden. Die Funde stammen vorwiegend aus der dort abgebauten Braunkohle, nicht aus dem liegenden Ölschiefer (184).

Koniferenreste sind nicht selten (Abb. E21). Über dem obersten Braunkohlenlager lagen ganze Stammstücke von Nadelbäumen. Die Fundsituation der Hölzer – sie wurden meist als liegende Stammstücke, z. T. aber auch als stehende Wurzelstubben über dem abschließenden Kohleflöz gefunden – weist sie als Reste eines fossilen Sumpfwaldes aus, wie er bei der Verlandung eines Sees häufig vorkommt.

Die auffälligsten Pflanzenfossilien der Grube Prinz von Hessen sind jedoch inkohlte und verkieselte Palmenreste. Es handelt sich um meist flachgedrückte Stammabschnitte, Stammbasen mit

E23 Palmholz mit siebartiger Struktur; Grube Prinz von Hessen. HLMD-Me 5053.

E24 Stammbasis einer Palme mit Adventivwurzelmantel; Grube Prinz von Hessen. HLMD-Me 5219.

E25 Zusammengepreßte (Fieder-) Blätter einer Palme; Grube Prinz von Hessen. HLMD-Me 5045.

anhängendem Adventivwurzelmantel (Abb. E24) und Adventivwurzeln. Daneben sind noch schilfblattartige Blätter vorhanden, die als dicke kohlige Lagen erhalten sind (Abb. E25). Sie werden als Blätter von Fiederpalmen interpretiert. Alle Palmenreste der Grube Prinz von Hessen werden zur Sammelgattung *Palmoxylon bacillare* gestellt.

Palmen sind monokotyle Pflanzen ohne sekundäres Dickenwachstum, die seit der Kreidezeit bekannt sind. Die Leitbündel sind über den gesamten Stammquerschnitt verteilt, sie bleiben nach der Fossilisation als Röhren erhalten, so daß die Hölzer im Querbruch siebartig durchlöchert erscheinen (Abb. E23). Die Verankerung im Boden erfolgt über sproßbürtige Wurzeln (Adventivwurzeln), die den unteren Stammabschnitt mit einem dichten Wurzelmantel umgeben (Abb. E22).

Da der natürliche Lebensraum der Palmen im tropisch-subtropischen Klimabereich liegt, sind sie wichtige Klimaindikatoren. Ob die Palmenreste der Grube Prinz von Hessen in den damaligen See eingeschwemmt wurden oder an Ort und Stelle gewachsen sind, ist nicht zu entscheiden. Die Häufigkeit der unteren Stammabschnitte mit den Adventivwurzeln läßt einen Transport über lange Strecken als unwahrscheinlich erscheinen – die Palmen gehörten wohl zur Vegetation der näheren Seeumgebung.

F

Die Fauna des Ölschiefers von Messel

Wighart v. Koenigswald

Einleitung

Wenn man die Tierwelt von Messel vor sich hat, blickt man wie durch ein Fenster tief in die Erdgeschichte hinab. Die Ablagerungen eines kleinen zu seiner Zeit sicher unbedeutenden Sees mit recht schlechtem Wasser sind uns in Messel durch die Gunst geologischer Zufälle zugänglich. Die Sedimente sind weder in späteren Zeiten abgetragen, noch sind sie durch tektonische Vorgänge in große Tiefen versenkt worden. Wenige Kilometer weiter westlich, im Rheingraben, sind etwa gleichalte Schichten in knapp 2000 m Tiefe (siehe Kap. A) bei Erdölbohrungen angetroffen worden (251). In solchen Tiefen kann man aber kaum noch nach Fossilien suchen.

Die Tierwelt, die im ehemaligen Seebekken von Messel zusammengespült wurde, enthält neben Fischen, Fröschen, Krokodilen und Schildkröten, die im oder am Wasser gelebt haben, auch zahlreiche Tiere des Luftraumes, wie Insekten, Vögel und Fledermäuse. An Landtieren sind zahlreiche Säugetierformen, darunter die bekannten Urpferdchen, eingeschwemmt worden. Erhalten sind vorwiegend vollständige Skelette.

Die Altersstellung der im Ölschiefer überlieferten Tierwelt kann weder durch das Alter des unterlagernden Grundgebirges noch durch die darüberliegenden eiszeitlichen Ablagerungen hinreichend eingeengt werden. Jedoch erlaubt die Entwicklungshöhe der Säugetiere innerhalb ihrer langen Stammesgeschichte einen relativen Altersvergleich mit anderen Fundstellen. So zeigen gerade die Urpferde und Nagetiere an, daß die Fauna innerhalb des Alttertiärs in das mittlere Eozän, das Lutet, eingestuft werden muß (267, 268). Zu absoluten Zeitangaben kommt man, wenn z. B. vulkanische Aschen in Säugetierfundstellen eingeschaltet sind und die vulkanischen Mineralien eine radiometrische Altersbestimmung erlauben. In Messel wurden zwar dünne Aschenlagen gefunden, jedoch waren diese zu stark verwittert, um eine direkte Altersangabe zu liefern. An anderen Fundstellen konnte man jedoch die Stufengliederung des Tertiärs mit Jahreszahlen eichen, und danach liegt das Alter für das untere Mitteleozän zwischen 48 und 52 Millionen Jahren (16).

Der Ablagerungszeitraum des über 150 m mächtigen Ölschieferpaketes ist dabei, gemessen am Alter und der Ungenauigkeit der Angabe, relativ kurz. Bisher ist es nicht möglich, stammesgeschichtliche Veränderungen zwischen älteren, das heißt, tiefer liegenden Funden und jüngeren festzustellen. Im geologischen Maßstab ist die gesamte Fauna etwa gleichalt.

Besonders interessant ist die Tierwelt von Messel unter anderem deswegen, weil sich im Eozän die modernen Säugetiergruppen gerade herausbilden. So treffen wir auf frühe Paarhufer, auf sehr ursprüngliche Raubtiere und auf die Urpferdchen. Die Funde aus Messel ermöglichen einen sehr intensiven Einblick in die Phase der Stammesgeschichte, die nun mit älteren und jüngeren Phasen verglichen werden kann. Das bedeutet aber auch, daß die Information aus dem Ölschiefer von Messel erst im Vergleich zu anderen Fundstellen in ihrer vollen Aussagekraft zu erfassen ist.

Fundstellen ähnlich alter Ablagerungen mit vergleichbarer Fauna und Flora gibt es im Geiseltal bei Halle, wo eine mächtige alttertiäre Braunkohle abgebaut wird (146). Die Unterkohle dürfte etwa Messel entsprechen, während die Mittel- und Oberkohle etwas jünger sind (70). Im Elsaß wurde bei Bouxwiller eine ähnliche, aber auch etwas jüngere, Fauna gefunden und die Spaltenfüllungen von Egerkingen in der Schweiz sind mit ihren ungeheuer reichen Funden noch etwas jünger, nämlich an der Grenze zum Ober-Eozän. In diesem Zeitraum lassen sich sehr wohl stammesgeschichtliche Veränderungen aufzeichnen.

Ein höchst interessanter Aspekt im paläogeographischen Rahmen sind die interkontinentalen Beziehungen der alttertiären Fauna Europas, die in Messel hervorragend überliefert ist. Mit den Landtieren aus dem Alttertiär von Nordamerika gibt es eine weitgehende Übereinstimmung, die nur durch eine direkte Landverbindung, die allerdings weit im Norden lag, zu erklären ist (130, 247, 248).

Völlig unerwartet waren allerdings Beziehungen nach Südamerika, wie sie durch den Fund des Skeletts eines Ameisenbärs (Abb. F73) in Messel offenbar geworden sind. Das ist umso erstaunlicher, als man bislang annahm, Südamerika sei während des ganzen Tertiärs völlig isoliert gewesen. Hier zwingen die Funde von Messel zum kritischen Überdenken von traditionellen Lehrmeinungen.

Aber nicht nur die Altersstellung, die Faunenzusammensetzung und deren paläogeographische Beziehungen machen die Bedeutung der Fossillagerstätte Messel aus. Ungewöhnlich gut, wie in kaum einer anderen Fundstelle dieses Zeitbereiches, sind die Fossilien hier erhalten. Geringe Strömungen und ein Bodenwasser, nahezu frei von Sauerstoff waren verantwortlich für die Erhaltung von weitgehend vollständigen Skeletten von Wirbeltieren und nicht selten auch noch von Spuren der Weichteile sowie Inhalte aus dem Magen-Darm-Bereich. Von den meisten anderen bedeutenden Fundstellen sind lediglich Einzelknochen oder Kieferfragmente überliefert. Aus dem Geiseltal bei Halle sind zwar einige Skelette in ähnlich guter Erhaltung überliefert, aber auch hier sind sie stets eine Ausnahme geblieben. Andere weithin für ihre vorzügliche Erhaltung bekannte Fundregionen, Solnhofen auf dem Fränkischen Jura und Holzmaden vor der Schwäbischen Alb, sind Meeresablagerungen und um mehr als 100 Millionen Jahre älter und dokumentieren somit einen anderen Lebensraum aus einem ganz anderen Zeitabschnitt. Die Vollständigkeit der in Messel überlieferten Wirbeltierskelette ermöglicht aber ungeahnte wissenschaftliche Erkenntnisse. Tiere, von denen lediglich Zahnreihen bekannt waren, sind in Messel erstmals als vollständige Skelette überliefert. Von diesen Skeletten lassen sich Einzelheiten der Lebensweise ablesen, z. B., ob es sich um einen schnellen Läufer oder um einen Kletterer aus den Baumwipfeln handelt.

Viele dieser Deutungen zur ökologischen Anpassung werden durch die Überlieferung der Magen-Darm-Inhalte ergänzt. Der Einblick in die Biologie einer längst ausgestorbenen Tierwelt ist eines der wichtigsten Ergebnisse, die Messel ermöglicht.

Die Fossilien von Messel sind aber nicht nur von wissenschaftlichem Interesse. Die meist in einer sehr natürlichen Haltung eingebetteten, feingliedrigen Wirbeltierskelette haben – eine entsprechende Präparation vorausgesetzt – auch einen großen ästhetischen Reiz, der durchaus als Eigenwert verstanden werden darf.

Der ehemalige See von Messel als Sammelbecken

Obwohl der Ölschiefer von Messel die typische Ablagerung eines Süßwassersees ist, haben die überlieferten Tiere nur zu einem Teil im See selbst gelebt. Für die Fische und Krokodile ist schwer zu entscheiden, ob sie im See oder meist in den Zuflüssen gelebt haben. Der überlieferte Fischkot spricht dafür, daß zumindest zeitweise auch der See von Fischen besiedelt war. Andererseits sprechen Argumente für eine recht schlechte Wasserqualität, die ein Leben im See auf die obersten Wasserschichten begrenzt hat, zeitweise vielleicht sogar unmöglich machte.

Für die Überlieferung der Tierwelt ist der See als Lebensraum keine Voraussetzung, denn Wassertiere können aus den Zuflüssen eingeschwemmt worden sein. Vom Land stammen viele Säugetiere. Ihre spezielle Erhaltung zeigt, daß sie – möglicherweise bei Hochwässern – ertrunken sind. Aus der Luft dürften Insekten, Vögel und auch Fledermäuse in den See geraten sein.

Damit belegt die Fauna von Messel nicht den Artbestand einer eng begrenzten Lebensgemeinschaft. Vielmehr sind in dieser Grabgemeinschaft Tiere aus verschiedenen Biotopen vereinigt.

Auffallend ist, daß die größeren Säugetiere des Eozäns ebenso wie große Pflan-

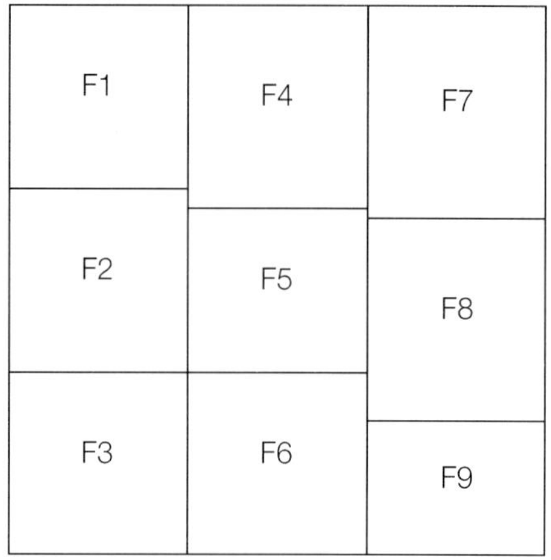

F1 Schnellkäfer, Länge 34,1 mm. HLMD – Me 9086.

F2 Blattkäfer, Länge 7,1 mm. HLMD – Me 9094.

F3 Spinne, Breite mit Beinen 9 mm. HLMD – Me 9088.

F4 Käfer, Länge 19,7 mm. HLMD – Me 9085.

F5 Blattkäfer, Länge 3,4 mm. HLMD – Me 9093.

F6 Spinne, Breite mit Beinen 10,1 mm. HLMD – Me 9087.

F7 Blatthornkäfer, Länge 11,6 mm. HLMD – Me 9091.

F8 Käfer, Länge 22,4 mm. HLMD – Me 9084.

F9 Sumpfdeckelschnecke, Gehäusehöhe 10,4 mm. HLMD – Me 9063.

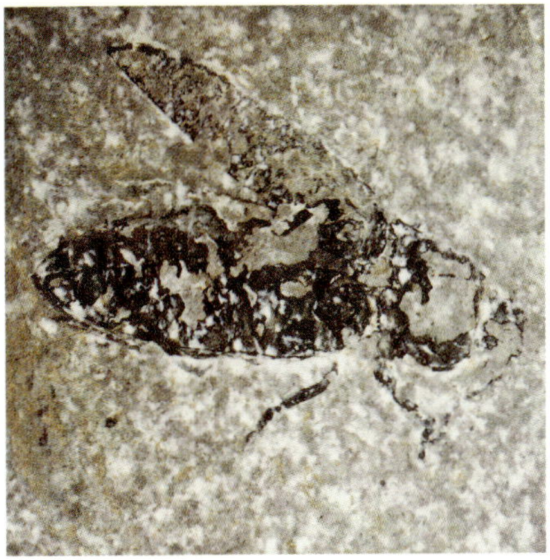

zenreste, etwa Baumstämme, in Messel fehlen. Dabei muß man aber bedenken, daß der tektonische Graben nur einen (wohl zentralen) Teil des Seebodens abgesenkt hat, während die Uferzonen außerhalb lagen, wo die Sedimente später wieder abgetragen wurden.

Für die hervorragende Erhaltung der Fossilien in Messel sind mehrere ineinandergreifende Faktoren von Bedeutung. Zum einen war die Wasserbewegung gering. Die Transportenergie reichte nicht aus, Sand oder gar gröberen Kies in das Becken zu transportieren. Nur eine feine Tontrübe wurde angeliefert. Diese geringe Strömung, die sich nur aus der leichten Einregelung der Fische ablesen läßt (Abb. A7), hat in der Regel nicht ausgereicht, die einzelnen Knochen aus den oft feingliedrigen Skeletten herauszulösen. Die Sedimente anderer Fundstellen sind meist unter stärkerer Wasserbewegung abgelagert worden. Daher sind in der Regel dort nur isolierte Skelett-Teile zu finden.

Nur in Ausnahmefällen zeigen die in Messel gefundenen Skelette den Einfluß von stärkerer Wasserströmung. In diesem Zusammenhang ist ein Krokodilskelett von besonderer Bedeutung, das wohl vollständig abgesunken war, und zwar mit der Bauchseite nach unten. In der präparierten Platte sieht man diesen Fund von der Unterseite (Abb. F10). Eine leichte Strömung aus Ost-Nordosten hat den Oberschädel vom Unterschädel gerollt und zahlreiche Knochenplatten und die Gliedmaßenknochen um einige Dezimeter (nach Westen) verdriftet. Die Schwanzwirbel am linken unteren Rand der Platte blieben an Ort und Stelle und zeigen damit die ursprüngliche Lage des Tieres an.

Mit der geringen Wasserbewegung ist auch der fast fehlende Wasseraustausch zwischen tieferen und höheren Schichten verbunden. Algen, die sich in der obersten, gut durchlichteten Wasserzone gut vermehren konnten, sanken abgestorben in tiefere Wasserschichten. Dort wurde aller verfügbare Sauerstoff gebunden. Wegen der geringen Wasserdurchmischung reichte der Sauerstoff aber nicht aus, die großen Mengen organischen Materials aufzuoxydieren, das sich auf diese Weise im Sediment anreicherte und dann zum „Öl" des Ölschiefers wurde.

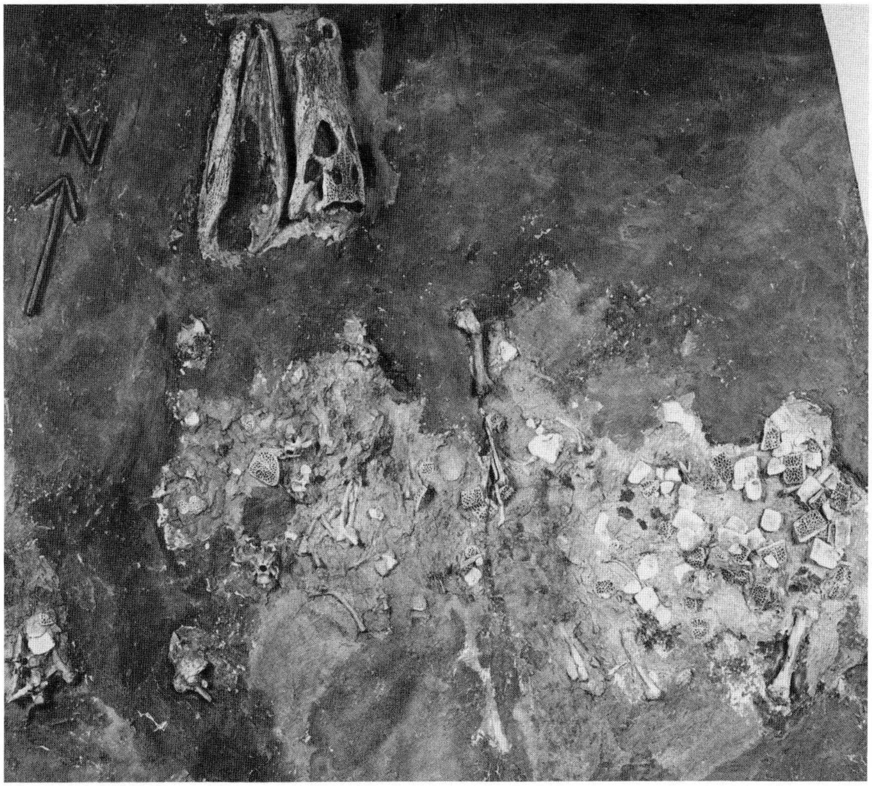

F10 *Diplocynodon darwini*, Krokodil, ein durch leichte Wasserströmung verstreutes Skelett. Länge des Schädels etwa 25 cm. HLMD – Me 7492.

Der fehlende Sauerstoff im Bodenwasser ist der Schlüssel für die hervorragende Erhaltung der Fossilien aus Messel. Er verwehrte nämlich allen Aasfressern unter den Fischen, Krebsen, Schnecken und Würmern den Zugang zu abgesunkenen Tierleichen. Niemand konnte im Sediment, das so reich an Nährstoffen war, wühlen. Lediglich anaerobe Bakterien haben noch einen Teil des organischen Materials abgebaut. Dadurch blieben aber all die feinen Knochen eines Skelettes, etwa die zarten Fingerknochen einer Fledermaus, in ihrer ursprünglichen Lage erhalten.

Wirbellose Tiere

Im Ölschiefer von Messel treten neben den zum Teil recht spektakulären Wirbeltieren die Wirbellosen zurück, obwohl sie durchaus häufig sind. Tiere, die mit Sicherheit im See gelebt haben, sind Süßwasserschwämme (104). Aufgrund vollständiger Gemmulae konnte die Art *Spongilla gutenbergiana* (183) benannt werden. Die feinen Kieselnadeln (Abb. F11 und D3) sind meist sekundär angeätzt und weisen atypische Querkanäle auf (165). Schwammnadeln und Gemmulae finden sich nur in gewissen Schichtpaketen, woraus zu schließen ist, daß der See nur zeitweise von Schwämmen besiedelt war. Bis zu 2 cm große Schnecken haben wohl auch zeitweise im See gelebt. In den meisten Schichten sind die kalkigen Schalen aufgelöst, so daß nur die feine organische Außenhaut überliefert ist. Nur auf wenigen Schichtflächen sind die Schnecken auch mit ihren Schalen überliefert (Abb. F9 und F12). Die feine Rippung der dickgebauchten Umgänge läßt an Vertreter der Sumpfdeckelschnecken (Viviparuden) denken.

Sehr mannigfach sind die Insekten, die wohl durch die Luft in den See geraten sind. Viele buntschillernde Käfer verschiedener Familien sind belegt (122). Allerdings ist es bisher kaum gelungen, den Farbglanz, den frische Funde aufweisen, zu erhalten (Abb. F1–F7). Aber auch Glycerinpräparate, die seit Jahrzehnten trocken aufbewahrt wurden, lassen noch die Strukturen der Flügeldecken, wie bei *Periplaneta* (Abb. F13), erkennen. Neben einer kleinen Ameise (76) kann eine inzwischen häufig gefundene Riesenameise genannt werden (160), deren geflügelte Weibchen bis etwa 6 cm lang werden und deren fein vernetzte Flügel eine Spannweite von etwa 15 cm erreichen (Abb. F14). Spinnenfunde (Abb. F3 und F6) sind gegenüber der Vielzahl der Insekten ausgesprochen selten.

Auch Wasserinsekten sind selten. Der See scheint weitgehend unbesiedelt gewesen zu sein. Die wasserlebende Larve des Käfers *Eubrianax* sp. (159) ist sicherlich aus zufließenden, sauerstoffreichen Bächen eingespült worden. Das gleiche ist für die aus Sand zusammengesetzten Köcher der Köcherfliegenlarven anzunehmen, die im feinkörnigen Ölschiefer auffallen und in manchen Schichten recht zahlreich vorkommen.

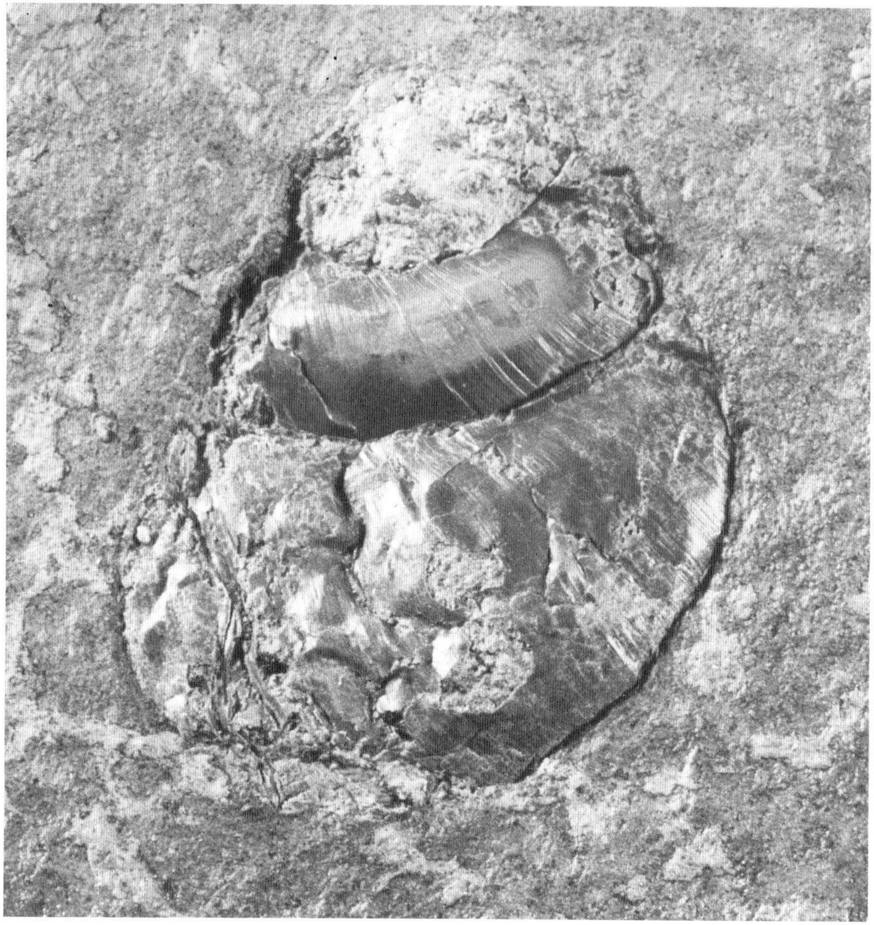

F12 Schnecke mit feingeripptem Gehäuse, Höhe des Gehäuses 20,7 mm. HLMD – Me 9064.

F11 *Spongilla gutenbergiana*, Süßwasserschwamm, Kieselnadeln mit Ätzgruben im Ölschiefer. Länge des Balkens 0,1 mm.

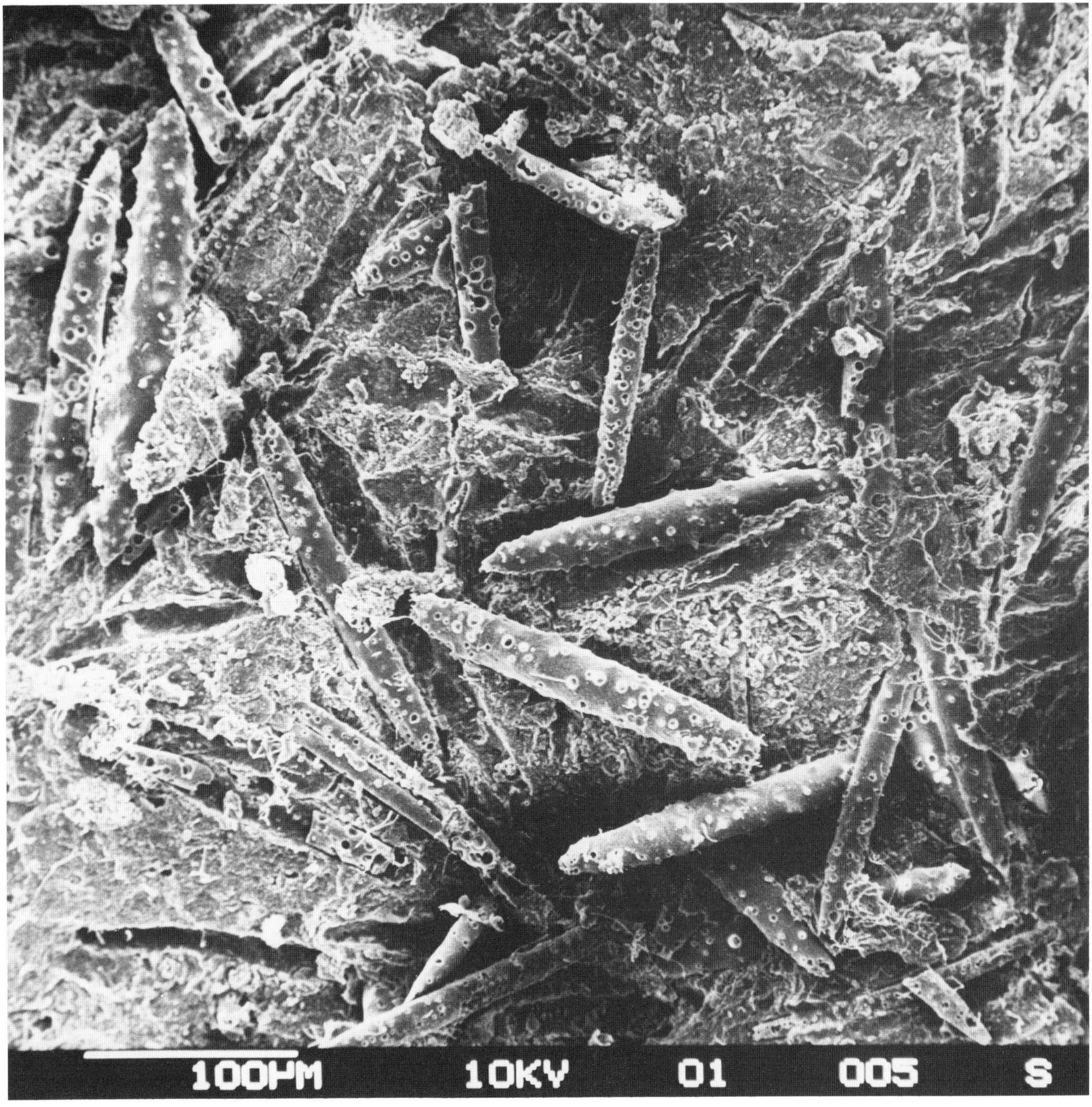
100PM
10KV
01
005
S

F13 *Periplaneta relicta*, Schabe, Abdruck auf dem konservierten Ölschiefer. HLMD – Me 518-Typus.

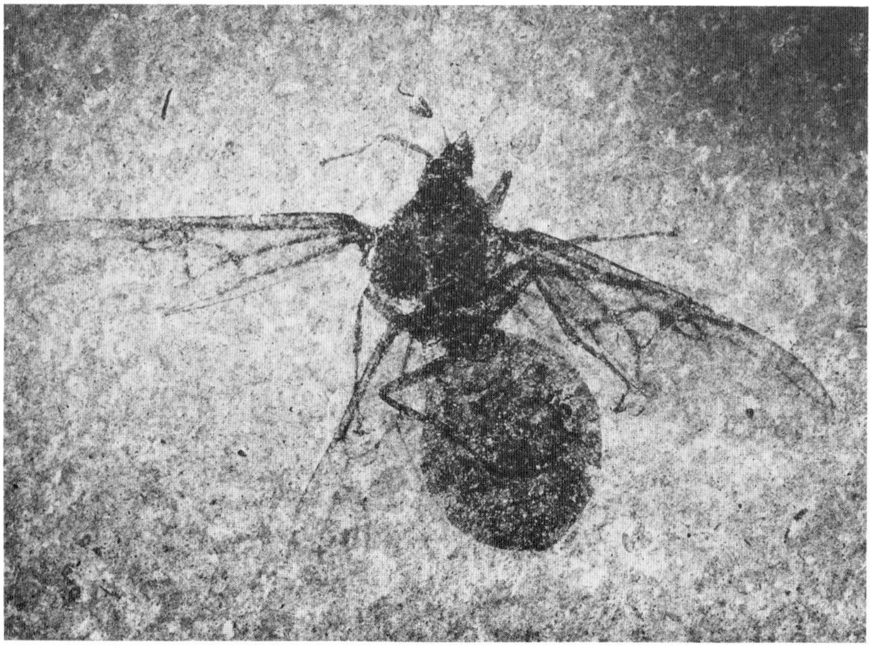

F14 Riesenameise, kleineres Männchen Körperlänge 26 mm (aus 160). Original im Naturmuseum Senckenberg Frankfurt. SMF – ME I 1017.

F15 *Amia kehreri*, Schlammfisch, großes Exemplar mit einer Körperlänge von 59 cm. HLMD – Me 7487.

F17 *Amia kehreri*, Schlammfisch, Tier von normaler Größe von 26 cm. HLMD – Me 7484.

F16 *Amia kehreri*, Schlammfisch, Schwanzflosse. HLMD – Me 7455.

Fische

Zwei Fischarten sind besonders häufig zu finden, *Amia kehreri*, ein Schlammfisch (Abb. F15–F18) und *Atractosteus strausi*, ein Knochenhecht (Abb. F19). Beide Arten sind als Vertreter der Holostei, der herrschenden Fischgruppe des Erdmittelalters, durch ein knöchernes Schuppenkleid gekennzeichnet. Bei *Atractosteus* sind diese Schuppen rhombisch und glänzend (Abb. F20), bei *Amia* dagegen so stark ausgedünnt, daß das Innenskelett durchscheint. Bei *Amia* ist das ursprüngliche Merkmal, daß nämlich die Wirbelsäule kurz vor dem Schwanz nach oben umbiegt, gut sichtbar (Abb. F16). Den Rücken säumt einen lange, gleichmäßige Rückenflosse.

Amia und *Atractosteus* sind Raubfische, die heute noch relativ ähnlich im südlichen Nordamerika und in Mittelamerika vorkommen.

Die großen Knochenhechte *(Atractosteus)* zeigen an, daß es den Tieren möglich war, in einem weiten Netz von Seen und Flüssen zu jagen, denn in kleinen abgeschlossenen Becken würden sie nicht zu einer Länge von etwa 70 cm heranwachsen. Auf diese Weise geben biologische Daten Hinweise auf die ehemaligen geographischen Verhältnisse.

Ebenfalls zu den Raubfischen sind die Barsche zu zählen, die zu den modernen Fischen (Teleostei) gehören. Die Teleostei haben das äußere massive Schuppenkleid zugunsten einer größeren Beweglichkeit reduziert. Die verbliebenen Hornschuppen sind in Messel nicht erhalten, so daß das verknöcherte Innenskelett völlig frei liegt (Abb. F21).

Die Wirbelsäule endet in der Mitte vor der Schwanzflosse und biegt nicht nach oben ab. Die Barsche sind durch kräftige Stacheln in der Rückenflosse gekennzeichnet. Während *Amphiperca multiformis* eine geschlossene Rückenflosse besitzt, hat *Palaeoperca proxima* eine geteilte Rückenflosse (Abb. F22). Auch in der geringeren Zahl der Wirbel unterscheidet sich *Palaeoperca* von der häufigeren *Amphiperca* (178). Eine dritte Barschart wird durch eine

F18 *Amia kehreri*, Schlammfisch, Fragment in körperlicher Erhaltung aus der Grube Prinz v. Hessen. HLMD – Me 6194.

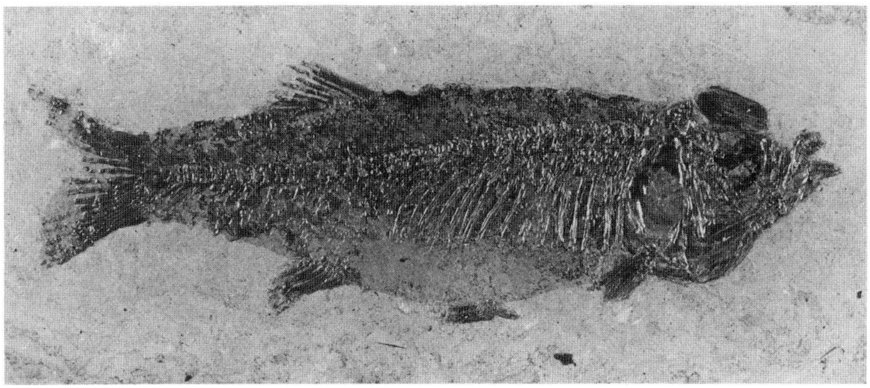

F23 *Thaumaturus intermedius*, ein Knochenzüngler. Länge des Tieres 7,5 cm, HLMD – Me 7952.

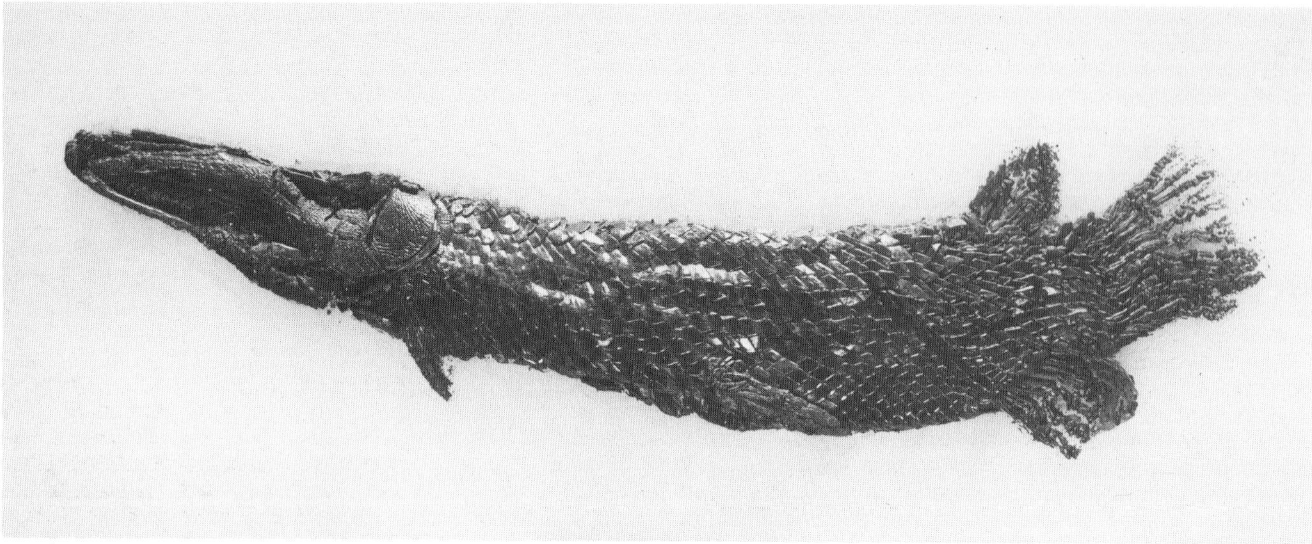

F19 *Atractosteus strausi*, Knochenhecht. Länge des Tieres 40 cm. HLMD – Me 7466.

kleine, noch unbeschriebene Form belegt.

Nicht ausgestellt ist der bisher nur in einem Exemplar in Messel belegte Aal *Anguilla ignota* (177).

In dem kleinen Fisch *Thaumaturus intermedius* (Abb. F23) wurde lange Zeit ein Verwandter der Lachse gesehen (276). Neuere Untersuchungen (78) zeigten aber, daß es ein primitiver Vertreter der Knochenzüngler ist, die heute in den Tropen, aber auch in Nordamerika vorkommen.

Diese relativ artenarme Fischfauna, in der die Arten überwiegen, die auch relativ schlechtes Wasser vertragen, läßt darauf schließen, daß das Wasser des Sees von Messel nicht in bester Qualität war, jedoch zeigt der häufige Fischkot in manchen Schichten, daß Fische auch im See selbst gelebt haben.

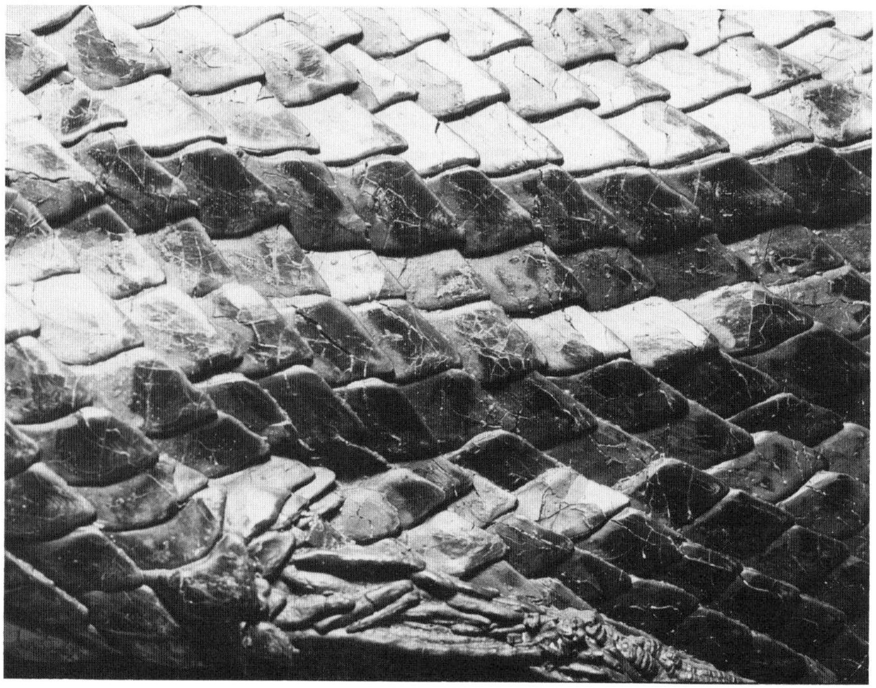

F20 *Atractosteus strausi*, Knochenhecht, Ausschnitt aus dem Schuppenkleid, Länge der Schuppen etwa 11 mm. HLMD – Me 7466.

F21 *Amphiperca multiformis*, Barsch, Länge des Tieres 12 cm, HLMD – Me 7482.

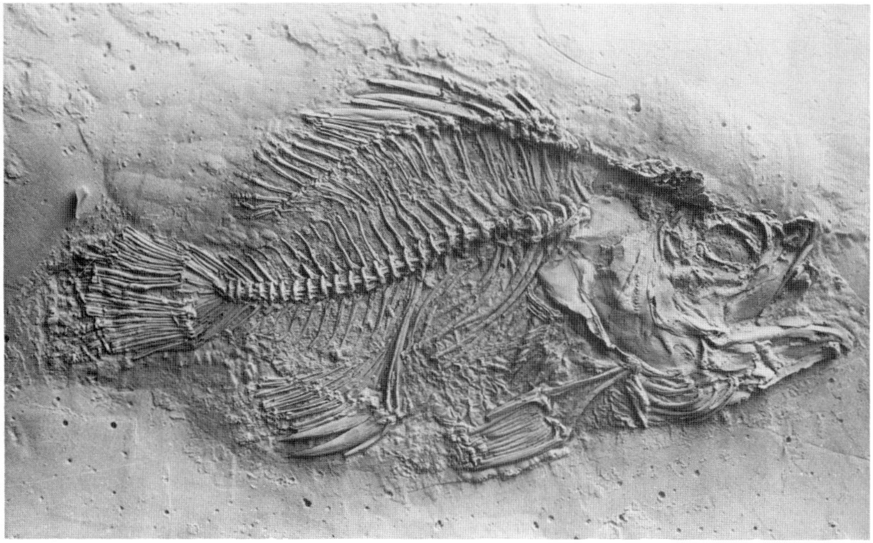

F22 *Amphiperca multiformis* und *Palaeoperca proxima* im Vergleich (aus 178).

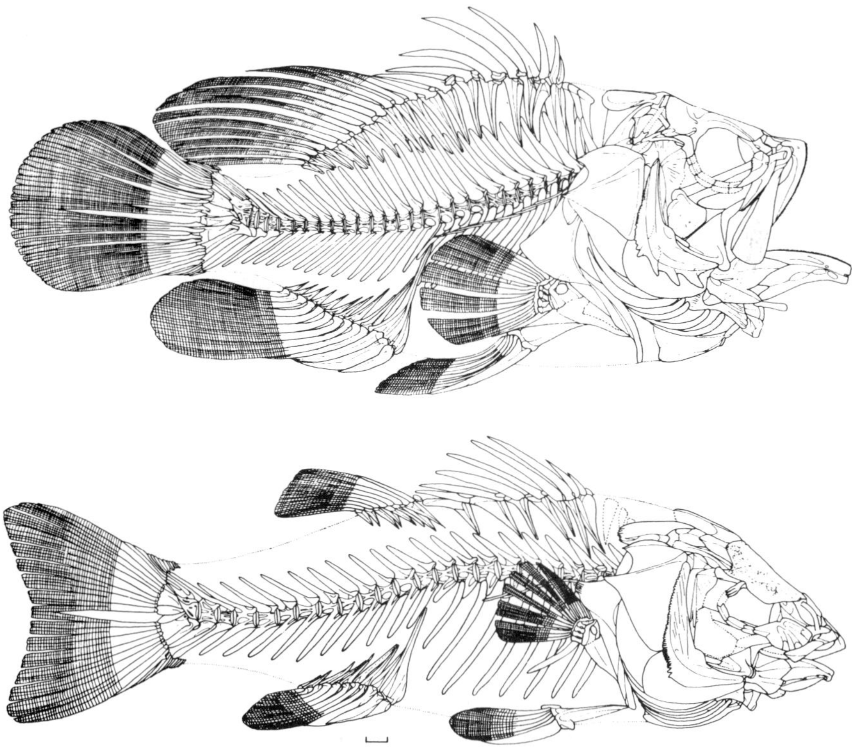

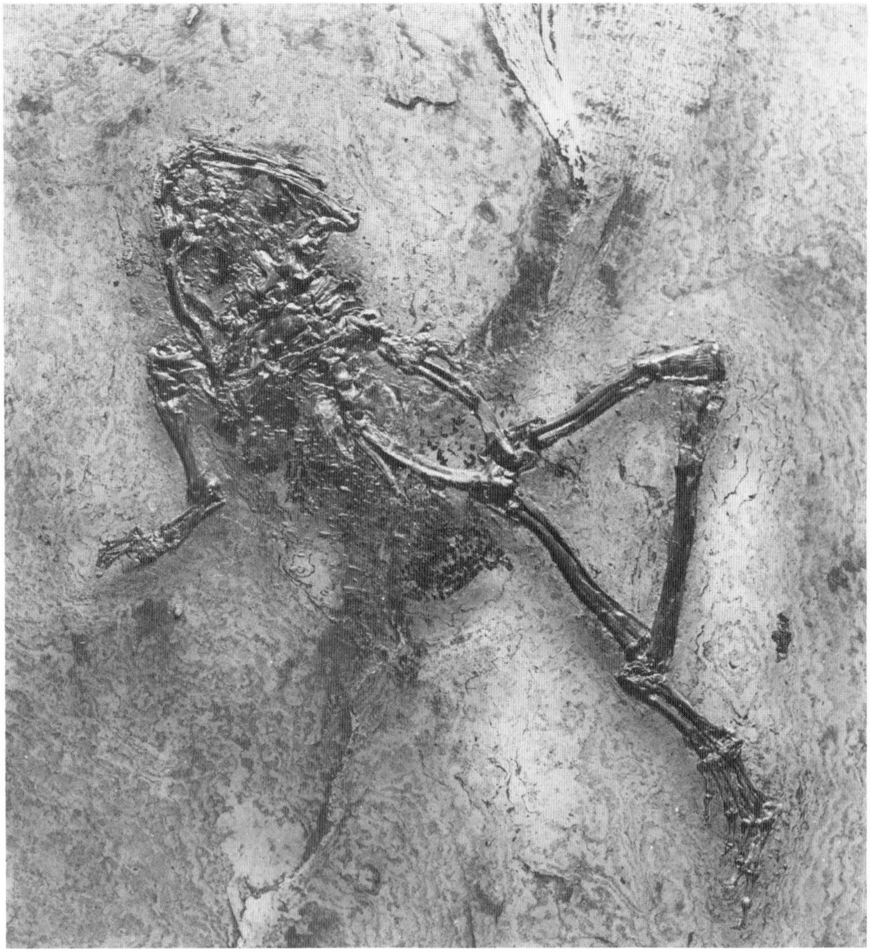

F24 *Eopelobates* sp., Landfrosch mit Laichschnüren. Länge des gestreckten Fossils 12 cm, HLMD – Me 7603.

F25 Palaeobatrachide, kleiner Wasserfrosch mit vorzüglicher Hauterhaltung, Länge des Tieres 52 mm. HLMD – Me 7610.

Amphibien

Von den belegten Froscharten lassen sich die Gattung *Eopelobates* als Landfrösche (Abb. F24) und ein Palaeobatrachide als Wasserfrosch (Abb. F25) kennzeichnen (302). An einem Exemplar des *Palaeobatrachiden* (Abb. 25) ist der Körperumriß deutlich zu erkennen. Die schwarze Färbung wird durch lithifizierte Bakterienrasen gebildet (300). Anaerobe Bakterien haben im sauerstofffreien Bodenwasser die organische Substanz weitgehend abgebaut.

Ein Landfrosch, *Eopelobates*, läßt Laichschnüre als Punktreihen erkennen (Abb. F24). Die Landfrösche dürften in wenigen Stunden nach ihrem Tode am Boden des Sees eingebettet worden sein, denn in warmem Klima lösen sich die Gelenkungen des Skelettes sehr schnell (301).

Aus Messel ist bisher nur ein Molch, *Chelotriton robustus* bekannt geworden (290).

Krokodile

Die Fauna von Messel enthält mehrere Krokodilarten, die sowohl zeitweise im See, ansonsten aber am Rande und vor allem in den zufließenden Gewässern gelebt haben. Schon das Vorkommen von mehreren verschiedenen Krokodilarten weist auf ein wesentlich wärmeres Klima hin. Heute können sich Krokodile nur in Gebieten fortpflanzen, deren Jahresdurchschnittstemperaturen über 20 °C liegen (in Darmstadt derzeit unter 10 °C). Damit gehört die Fauna von Messel in den subtropischen Klimabereich (12).

Asiatosuchus germanicus ist das größte Krokodil aus Messel (Abb. F26). Bei einer Schädellänge von 68 cm kann man für ausgewachsene Tiere mit einer Länge von 3,5 bis 4 m rechnen. In der Größe und Ökologie dürfte diese Art dem Nilkrokodil nahekommen (14).

Diplocynodon darwini ist ein kleineres, nur etwa 1,5 m langes Krokodil (Abb. F27–29), das im Ölschiefer von Messel mit zahlreichen Skeletten belegt ist. Bei vielen Exemplaren sind die „Magensteine" sichtbar, die auch bei den rezenten Krokodilen vorkommen, und zwar steht das Gewicht der Steine stets in einem festen Verhältnis zum Körpergewicht des Tieres. Daraus ergibt sich, daß diese Steine als Ballast aufgenommen werden, um den Kraftaufwand beim Tauchen gering zu halten.

Kleine Panzerkrokodile (Abb. F30), die zunächst für Jungtiere von *Diplocynodon* gehalten wurden, konnten als *Baryphracta deponiae* beschrieben werden (75).

Mit nur ganz wenigen Kiefer- und Schädelresten ist das spitzschnauzige Krokodil *Pristichampsus rollinati* belegt. Die Zähne, die bei dem ausgestellten Unterkiefer abgebrochen sind, unterscheiden sich von denen der Krokodile durch die seitliche Abplattung und gezähnelte

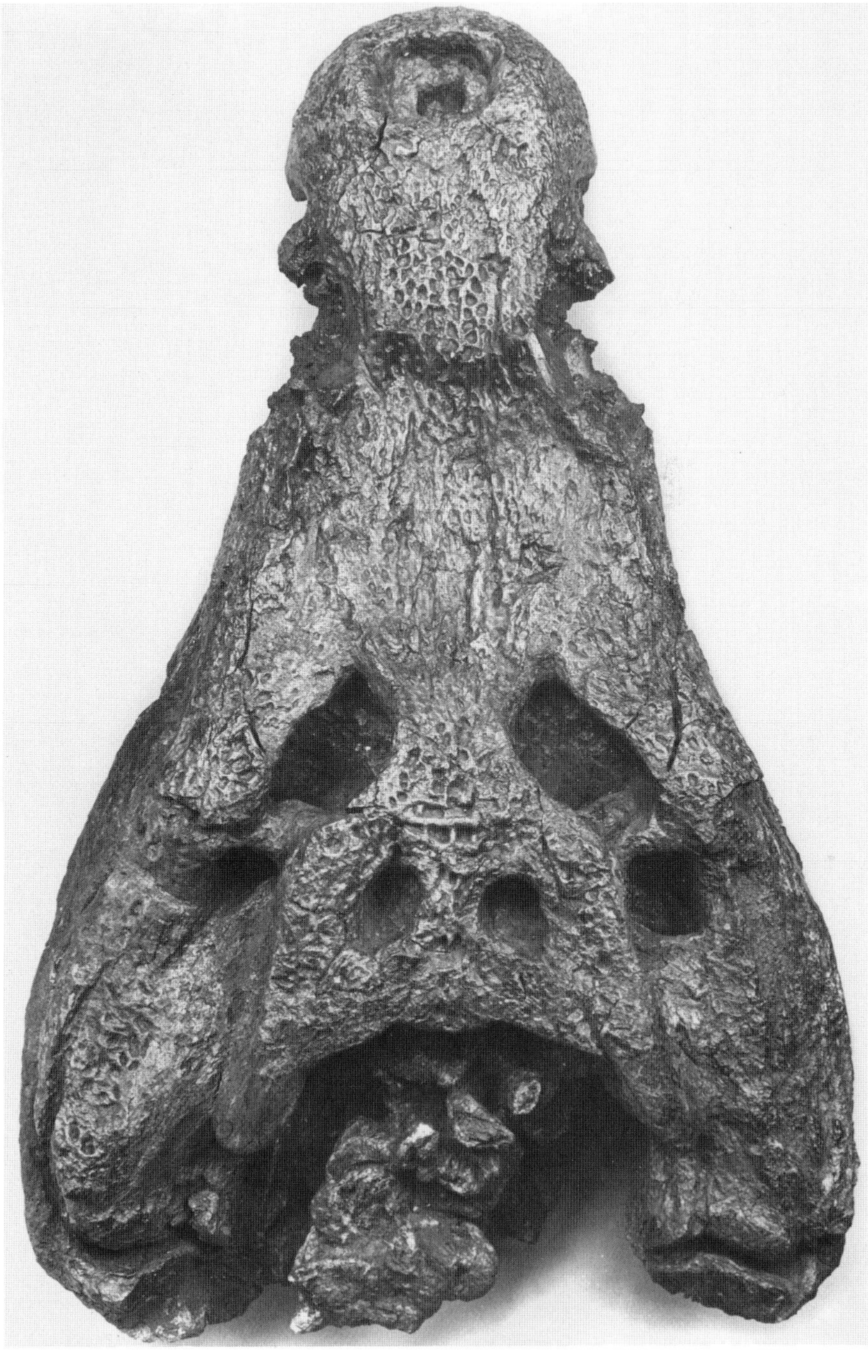

F26 *Asiatosuchus germanicus*, Schädel der größten Krokodilart aus Messel. Länge des Schädels 63 cm. HLMD – Me 5345.

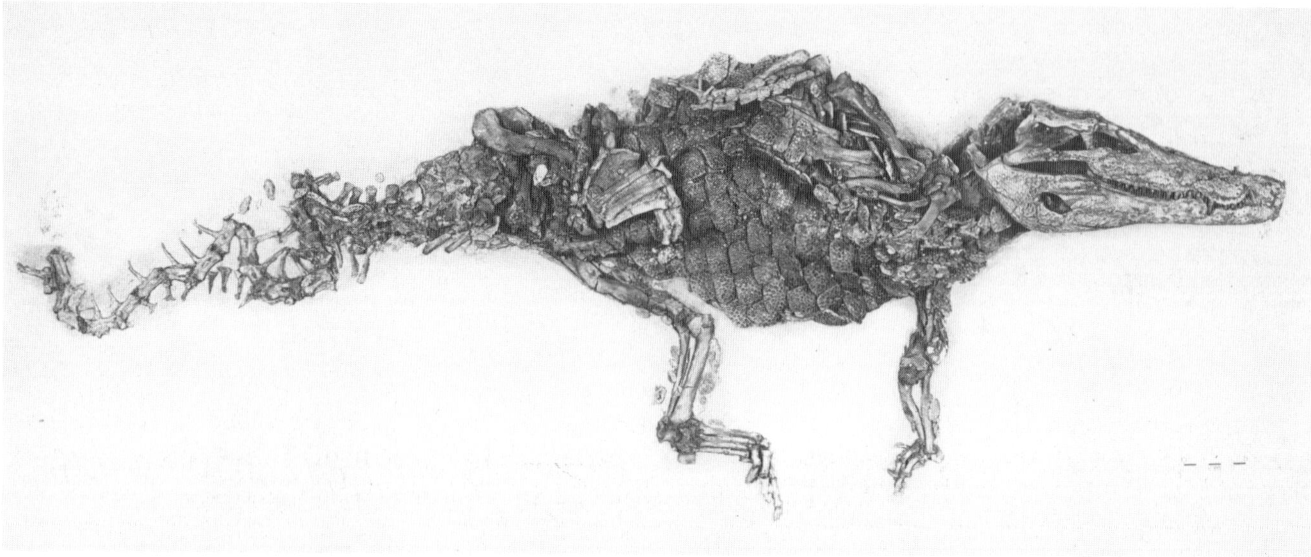

F27 *Diplocynodon darwini*, Krokodil. Länge des Skeletts (mit gestrecktem Schwanz) etwa 130 cm. HLMD – Me 7500.

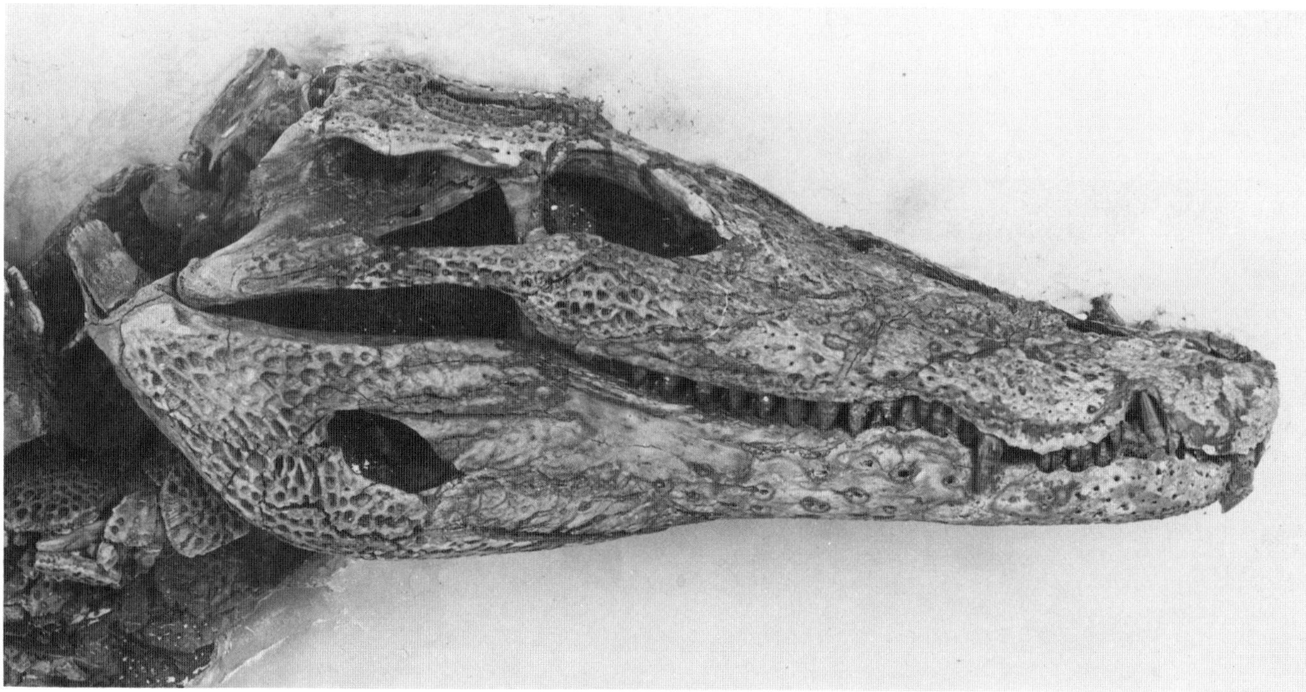

F28 *Diplocynodon darwini*. Schädel des Krokodils aus Abb. F27, Länge des Schädels 25 cm. HLMD – Me 7500.

F29 *Diplocynodon darwini*. Offener Bauchpanzer mit „Magensteinen". Breite der Platten etwa 30 mm. HLMD – Me 7493.

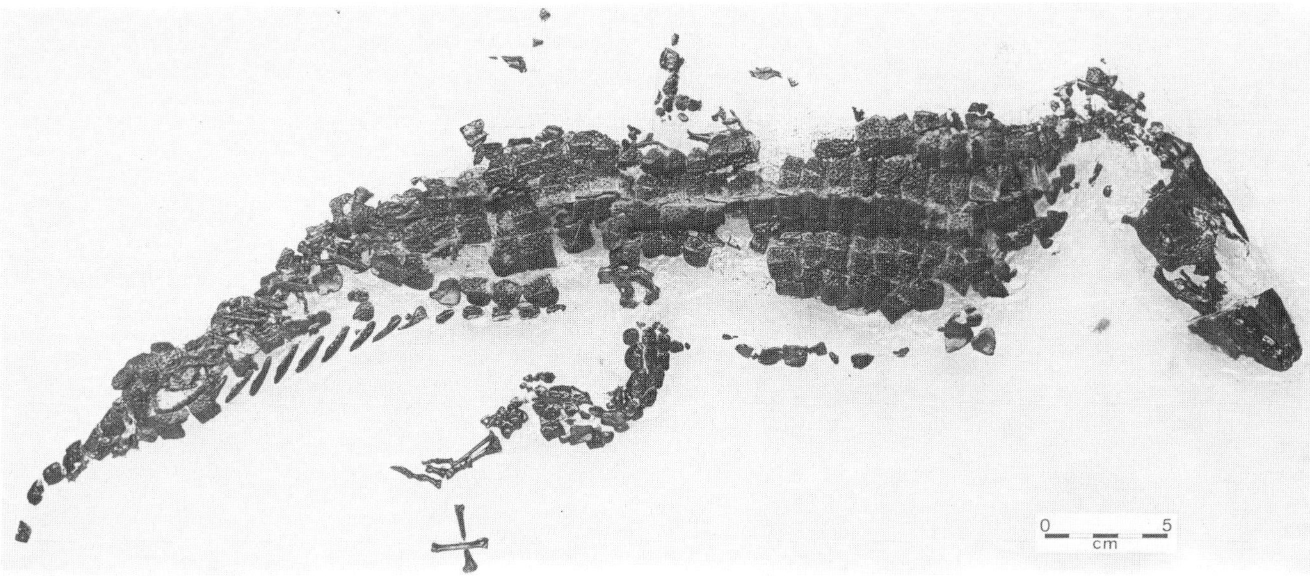

F30 *Baryphracta deponiae*. Kleines Panzerkrokodil. Länge des Tieres 57 cm. HLMD – Me 7496.

F31 *Allognathosuchus haupti.* Kurzschnauziges Krokodil. Schädellänge 12,5 cm. HLMD – Me 1435.

Sägekanten vorne und hinten (285).

Einen relativ kurzen Schädel hat *Allognathosuchus haupti* (Abb. F31). Im Gegensatz zu den meisten anderen Krokodilen, die gleichförmige Zähne besitzen, hat *Allognathosuchus* pilzförmige Backenzähne, aber weiter vorne zwischen zwei großen kegelförmigen Zähnen ganz kleine einspitzige Zähne (Abb. F32). Man hatte geglaubt, daraus schließen zu können, daß diese Tiere vor allem Muscheln, Schnecken oder kleine Schildkröten geknackt hätten (284). Aber von den rezenten Varanen weiß man, daß diese Ausbildung der Zähne keineswegs mit einer derartigen Nahrungsspezialisierung gleichzusetzen ist (209).

Ebenso wie *Pristichampsus* kommt auch *Allognathosuchus* in Nordamerika vor. Um dieses Verbreitungsbild zu verstehen, muß eine Landverbindung zwischen Europa und Nordamerika gefordert werden, denn Krokodile können keine weiten Strecken über das Meer zurücklegen. Der Weg durch Asien, der in jüngeren Perioden der Erdgeschichte mehrfach zum Faunenaustausch führte, dürfte im Alttertiär durch das östlich des Urals gelegene Obik-Meer und die Turgai-Straße gesperrt gewesen sein. Andererseits war auch der Atlantik von Süden her mindestens bis nach Island aufgerissen, so daß die Landbrücke, die zu diesem auffälligen Faunenaustausch geführt hat, weit im Norden gelegen haben muß. Daß derartige Überlegungen einen ganz realen Hintergrund haben, belegen Funde von *Allognathosuchus* von Ellesmere Island (Abb. F33), einer Insel, die im Nordwesten an Grönland anschließt. Die Insel lag nach den geophysikalischen Daten schon damals in Polnähe, was besagt, daß Krokodile im Alttertiär bis 80° N leben konnten, einem Gebiet, in dem heute die Jahresdurchschnittstemperatur bei – 16 °C liegt. Klimatisch ist das nur zu verstehen, wenn man bedenkt, daß der Nordpol noch völlig eisfrei war und auch in der Antarktis eine Eisansammlung gerade erst begonnen haben mag. Daher waren die Temperaturen über die Erdkugel hin viel stärker ausgeglichen und die Klimazonen weniger deutlich ausgeprägt.

Aber ein anderes biologisches Problem ergibt sich dennoch für die Krokodile. Ellesmere Island liegt heute und lag ebenso damals weit nördlich des Polarkreises. Wegen der Schiefe der Erdachse bleibt die Sonne während des Winterhalbjahres für viele Wochen unter dem Horizont. Wie Krokodile, die wechselwarm sind und sich von der Sonne aufheizen lassen, die Winternacht überstehen konnten, ist noch nicht bekannt. Die Tatsache aber, daß ihnen ein Überleben möglich war, belegen uns die Fossilfunde.

Bergisuchus dietrichbergi, die seltenste Krokodilart aus Messel, ist nur durch einen Unterkiefer und ein Schädelfragment (Abb. F35) im Ölschiefer von Messel belegt. Dieses Kokodil besaß einen auffallend großen „Eckzahn" im Unterkiefer, ansonsten kleine Zähne. Der Schädel ist sehr hochschnauzig und besitzt vor dem Auge eine Öffnung, die diese Form einer südamerikanischen Familie der Sebecosuchen-Krokodile zuweist. Das Auftreten von südamerikanischen Faunenelementen in Messel ist etwas verwunderlich, da man bisher annahm, daß Südamerika während des Tertiärs isoliert war, weil sich die Säugetierfauna während dieser Zeit ganz eigenständig entwickelt hat (14, 22).

F32 *Allognathosuchus haupti.* Kurzschnauziges Krokodil, Unterkiefer mit verschiedenförmigen Zähnen. Länge des Kieferfragments 11 cm. HLMD – Me 5261.

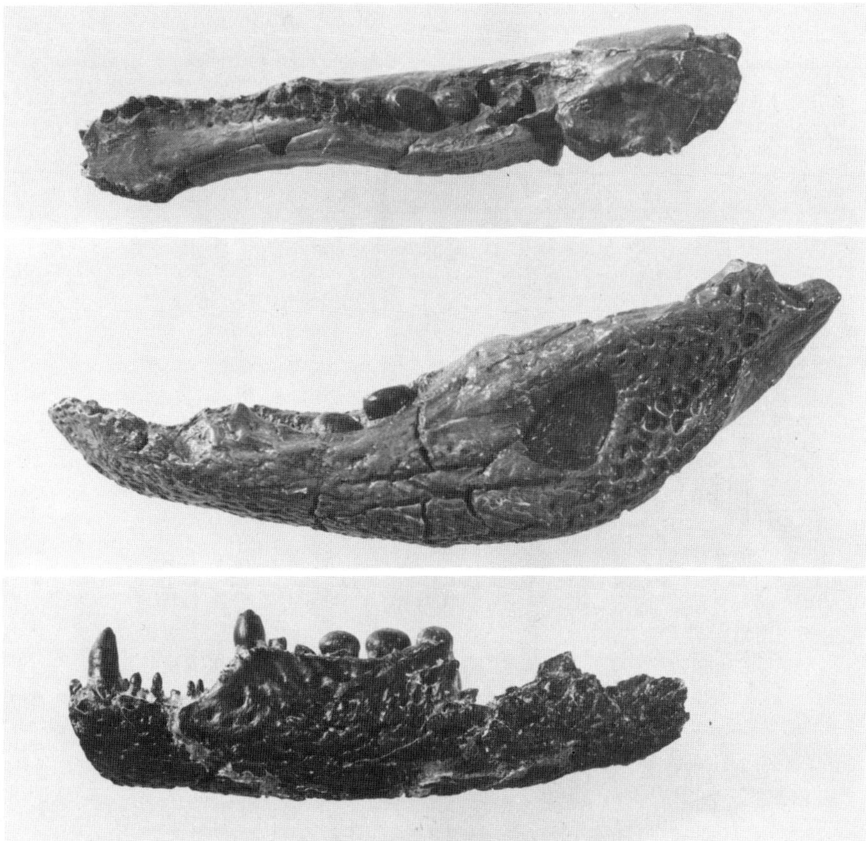

F33 *Allognathosuchus div.* sp., drei Unterkiefer belegen die Verbreitung dieses kurzschnauzigen Krokodils. Unten: Unterkiefer aus Messel HLMD – Me 5261; Mitte: Unterkiefer aus Wyoming (USA); Oben: Unterkiefer von der arktischen Insel Ellesmere Island (Canada).

F34 Großer Koprolith (Kotballen), der wahrscheinlich von einem Krokodil stammt. HLMD – Me 6160.

F35 *Bergisuchus dietrichbergi.* Schädelfragment (Länge 15 cm) und Unterkiefer eines hochschnauzigen Krokodils, dessen nächste Verwandte in Südamerika gefunden wurden. HLMD – Me 7003.

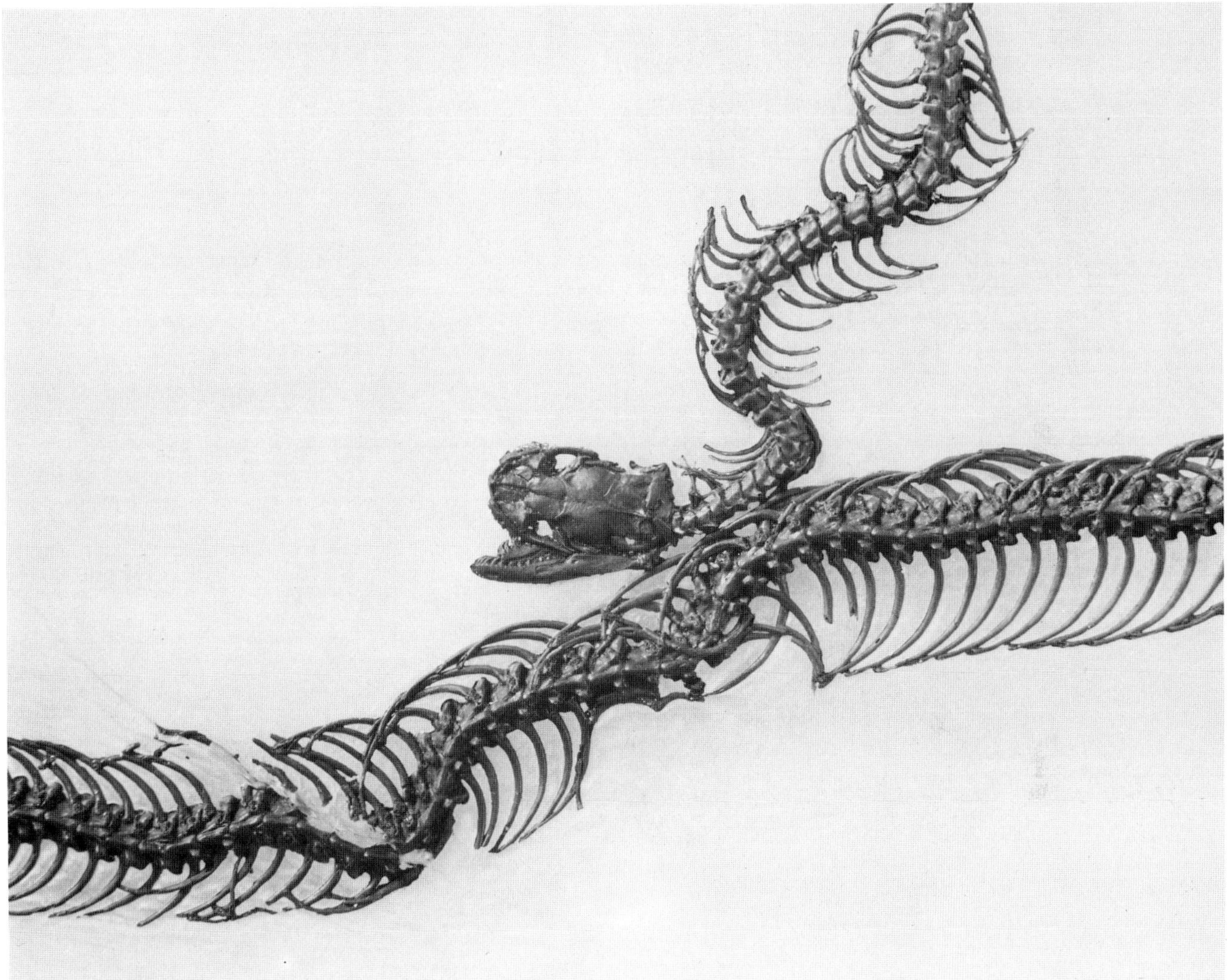

F36 Ausschnitt aus einem Schlangenskelett. Länge des Schädels 15 mm. HLMD – Me 7915.

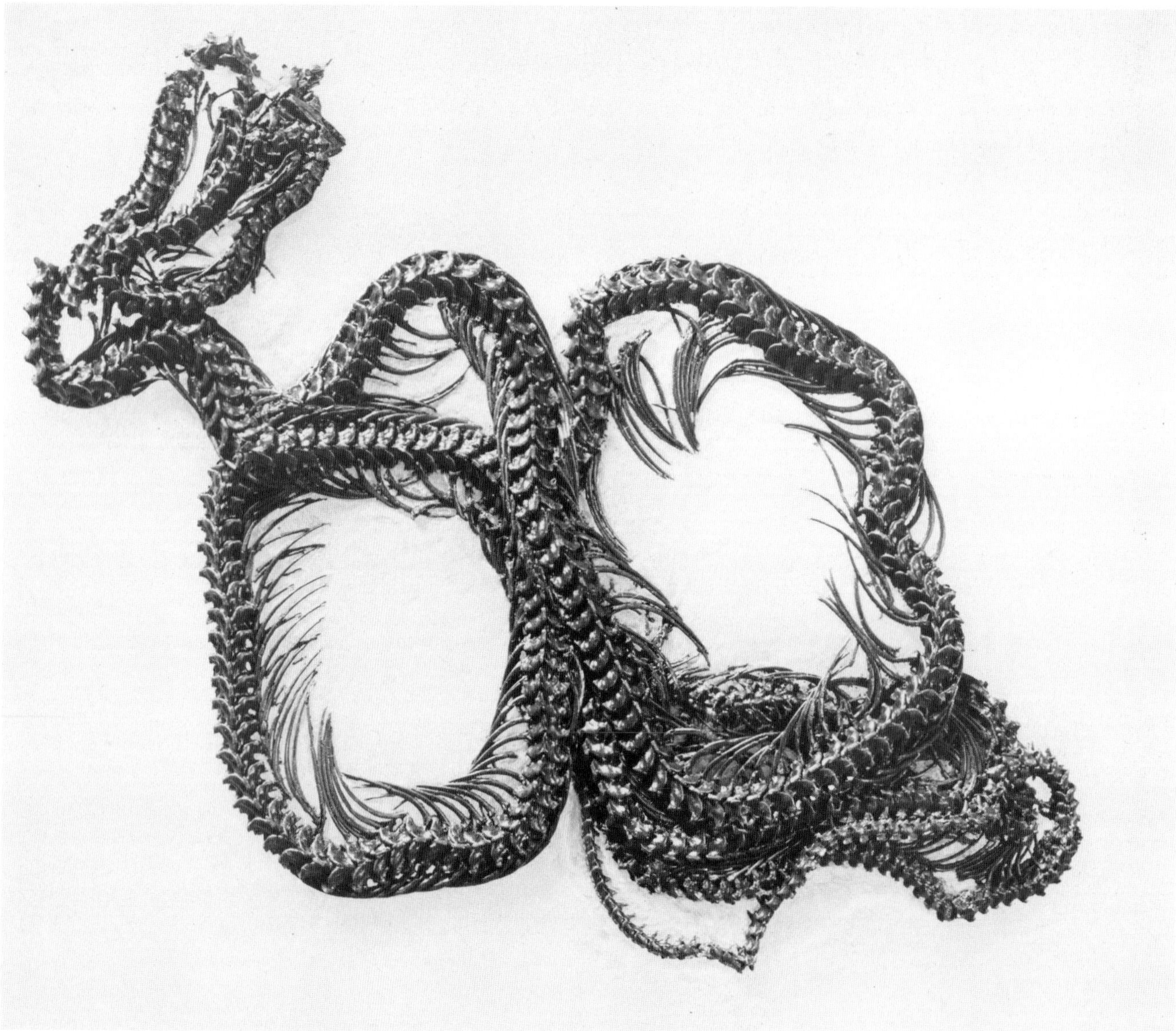

F37 Skelett einer Schlange. Länge des entrollten Tieres 135 cm. HLMD – Me 7600.

F38 Eidechse. Länge des Fossils 19 cm. HLMD – Me 3950.

F39 Juvenile Sumpfschildkröte, Rückenseite. Länge 8,5 cm. HLMD – Me 7448.

Schlangen, Eidechsen und Schildkröten

Die meisten der in Messel gefundenen Schlangen sind recht klein (Abb. F36). Das aufgerollte Exemplar (Abb. F37) hat eine Länge von etwa 135 cm. Die noch recht ursprünglichen Schlangen werden in die Verwandtschaft der Boas gestellt.

Zwei etwas größere Schlangenskelette sind bekannt geworden, bei denen zwischen den Rippen die Knochenplatten eines kleinen Krokodils zu erkennen sind. Damit weiß man, was diese Schlangen unter anderem gefressen haben (81).

Die Eidechsen sind noch unvollständig erforscht, beschrieben ist eine Art *Saniwa feisti* (253), die etwa 45 cm lang ist und die zu den Varanen gezählt wird.

Zur gleichen Gruppe dürfte ein kleineres Skelett (Abb. F38) gehören, dem primär das Schwanzende und das linke Bein fehlen, während der vordere Teil des Schädels erst bei der Bergung verloren gegangen ist, weil der Ölschiefer hier zerbrochen war.

Die Schildkrötenfauna von Messel ist recht artenreich und mit vielen Exemplaren belegt. Am ähnlichsten den rezenten Sumpfschildkröten, die auch heute noch in Südeuropa anzutreffen sind, ist *Palaeochelys (Ocadia) messeliana* (Abb. F40). Diese Schildkröte besitzt einen stark gewölbten, seitlich geschlossenen Panzer. Obwohl nur der Knochenpanzer erhalten ist, kann man an den schmalen Rillen, die mitten über die Knochenplatte laufen, erkennen, daß Hornschilde den Panzer bedeckten. Die Rillen zeichnen die Ränder dieser Hornschilde nach. Dabei wird ein interessantes Konstruktionsprinzip deutlich, nämlich daß die randlichen Zuwachszonen der Knochenplatten tief unter den Hornplatten verdeckt und damit geschützt sind. Damit kann ein solcher Panzer wachsen, ohne daß Schwächezonen auftreten. Von den Gliedmaßen dieser Tiere ist wenig erhalten, aber aus dem Vergleich mit rezenten Formen sind kräftige Hände und Füße mit fünf Fingern bzw. Zehen anzunehmen, auf denen diese Tiere laufen.

Die beiden anderen Schildkrötengattungen aus Messel sind sogenannte Weichschildkröten. Diese meist im Wasser lebenden Tiere haben einen flachen Panzer ohne Hornschilde und entsprechend fehlt auch das für *Palaeochelys* beschriebene Rinnenmuster. Dennoch ist der Knochenpanzer, der von einer dicken lederartigen Haut überzogen wird, reich skulptiert. Diese vorwiegend im Wasser lebenden Schildkröten haben zur besseren Beweglichkeit den starren Knochenpanzer teilweise zurückgebildet. Bei *Allaeochelys*

F40 *Palaeochelys (Ocadia) messeliana.* Sumpfschildkröte, Rücken- (links) Bauchseite (rechts). Länge 15,5 cm. HLMD – Me 7592.

(Anosteira) crassesculptata (Abb. F41) sind noch alle Randplatten ausgebildet, aber der Bauchpanzer ist bereits stark reduziert.

Bei *Trionyx messelianus* (Abb. F42–F45) fehlt der äußere Ring der Randplatten und die Rippenenden ragen weit über den Rand des Knochenpanzers hervor. Nur von der lederartigen Haut, in die diese Rippenenden eingebettet sind, sind Bauch- und Rückenpanzer miteinander verbunden. Bei *Trionyx* ist der Bauchpanzer (Abb. F44) noch stärker zurückgebildet als bei *Allaeochelys.*

Nicht nur die Reduktion des Panzers bei *Trionyx* und *Allaeochelys* ist eine Anpassung an das Leben im Wasser. Auch die Gliedmaßen sind zum besseren Schwimmvermögen verändert worden. Nur wenige Exemplare aus Messel erlauben den Einblick in die Gliedmaßen, weil diese, ebenso wie der Kopf, häufig vom Knochenpanzer verdeckt sind. Bei dem freipräparierten Exemplar von *Allaeochelys crassesculptata* (Abb. F41) sind die Hände gut sichtbar. Zwei Finger sind stark verlängert und dürften, wie bei der nächsten verwandten Form, der Papua-Carett-Schildkröte, der Hand eher die Form einer Flosse als die eines Schreitorgans gegeben haben. Damit ist ein elegantes Schwimmen und präzises Steuern möglich.

Die Papua-Schildkröte kommt nur auf Neu Guinea vor, als letztes Reliktareal einer in der Erdgeschichte wesentlich weiter verbreiteten Schildkrötengruppe.

Die Gattung *Trionyx*, die nebenbei auch Salzwasser sehr gut vertragen kann, ist heute mit mehreren Arten von China über die Sunda-Inseln nach Indien und Afrika verbreitet. Auch im südlichen Nordamerika ist diese Gattung mit mehreren Arten vertreten.

F41 *Allaeochelys (Anosteira) crassesculptata.* Weichschildkröte, Rücken- (links) und Bauchseite (rechts). Länge 23 cm. HLMD – Me 7592.

Abbildungen S. 98 und 99:

F42 *Trionyx messelianus.* Wasserschildkröte, eng skulptierter Rückenpanzer. Länge 22,5 cm. HLMD – Me 5509.

F43 *Trionyx messelianus.* Wasserschildkröte, grob skulptierter Rückenpanzer mit den überstehenden Rippenenden sowie Teilen vom Kopf und Gliedmaßen. Länge des Panzers 18,5 cm. HLMD – Me 4194.

F42

F43

Me 1460.

F45 *Trionyx messelianus*. Wasserschildkröte, Abdruck eines sehr großen, fein skulptierten Rückenpanzers aus der Grube Prinz von Hessen. HLMD – Me 6205.

F44 *Trionyx messelianus*. Wasserschildkröte, Bauchseite. Länge 29 cm. HLMD – Me 1460.

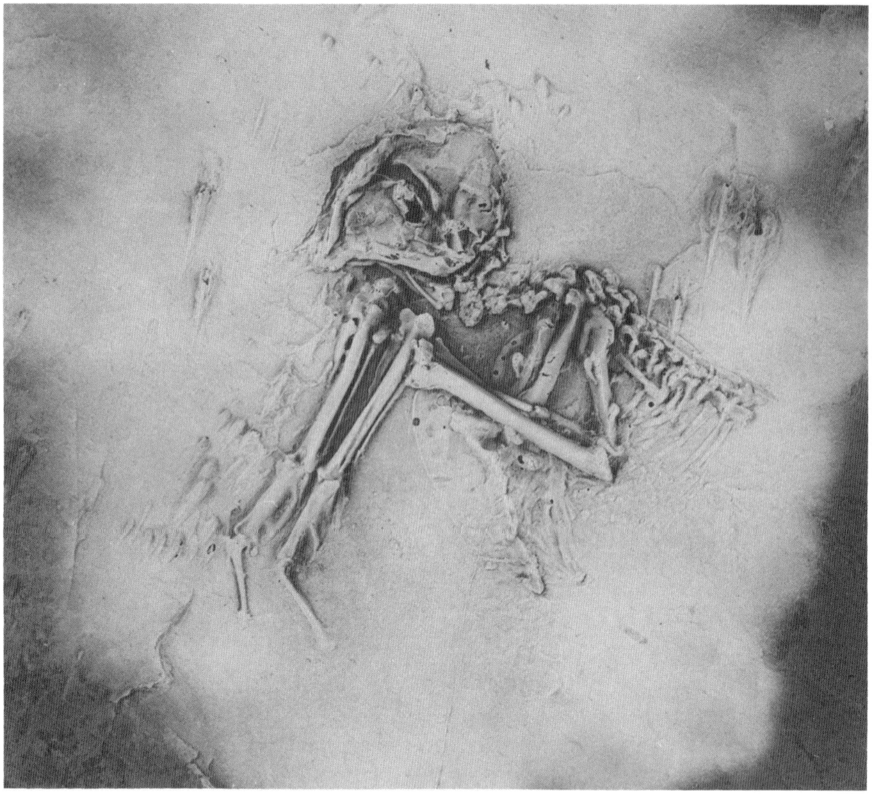

F46 *Aegialornis szarskii.* Segler, Schädel (Länge 17 mm) mit Flügeln. HLMD – Me 7598.

Vögel

Die Vögel sind bereits etwas früher in die modernen Familien differenziert als die Säugetiere, so daß viele der Messeler Vögel direkt mit modernen Formen verbunden werden können. Daneben kommen allerdings auch verloschene Gruppen vor. Die Vogelfauna ist bisher nur sehr unvollständig bearbeitet worden.

Aegialornis szarskii ist ein Segler und zeigt bereits die typische Verkürzung des Oberarmknochens (Abb. F46), verbunden mit der Streckung der Handschwingen (195). In *Rhynchaeites messelensis* (Abb. F47) liegt ein echter Ibis vor (196). Auch das Skelett eines Flamingos wurde in Messel gefunden.

Häufig sind auffallend hochbeinige Vögel, die bis zu ihrer gültigen Beschreibung als „Messelrallen" (Abb. F48 und F49) bezeichnet werden können. Sie bilden eine eigene Vogelfamilie, die abgesehen von den langen Beinen, eine gewisse Ähnlichkeit zu den Teichhühnern gehabt haben dürfte. Ihr Lebensraum dürfte im wesentlichen der Waldboden gewesen sein, auch wenn die Nistplätze auf den Bäumen gelegen haben.

Es gibt aber auch noch von den heutigen Vögeln stark abweichende Formen. *Diatryma*, von der bisher nur ein Oberschenkel in einer Geode von etwa 29 cm Länge gefunden wurde (Abb. F59), war ein flügelloser Laufvogel (13). Aus Nordamerika hat man Skelettfunde (Abb. F51), aus denen sich einerseits eine Körpergröße von knapp 2 m ergibt, andererseits der hohe Schnabel des Tieres bekannt ist. Nach seiner Form muß man annehmen, daß *Diatryma* räuberisch gelebt hat.

Diese großen Laufvögel dürften die am Ende der Kreideformation freigewordene Nische der fleischfressenden Dinosaurier übernommen haben. Mit der Zeit haben die carnivoren Säugetiere sie daraus allerding wieder verdrängt. *Diatryma* ist eines der Faunenelemente, das den Faunenaustausch zwischen Nordamerika und Europa belegt. Auch in der verbindenden Fauna von Ellesmere Island im hohen

Norden konnte diese Gattung festgestellt werden (289).

Bei *Palaeotis weigelti* (Abb. F52), der auch aus dem Geiseltal bei Halle mit einem Skelett bekannt geworden ist, handelt es sich um einen etwa kranichgroßen Laufvogel, der in die Vorfahrenreihe der Strauße gestellt wird. Der vorliegende Fund spielt eine wichtige Rolle in der Diskussion, ob alle Laufvögel denselben Ursprung haben, oder ob sich mehrfach aus flugfähigen Vögeln Laufvögel entwickelt haben (113).

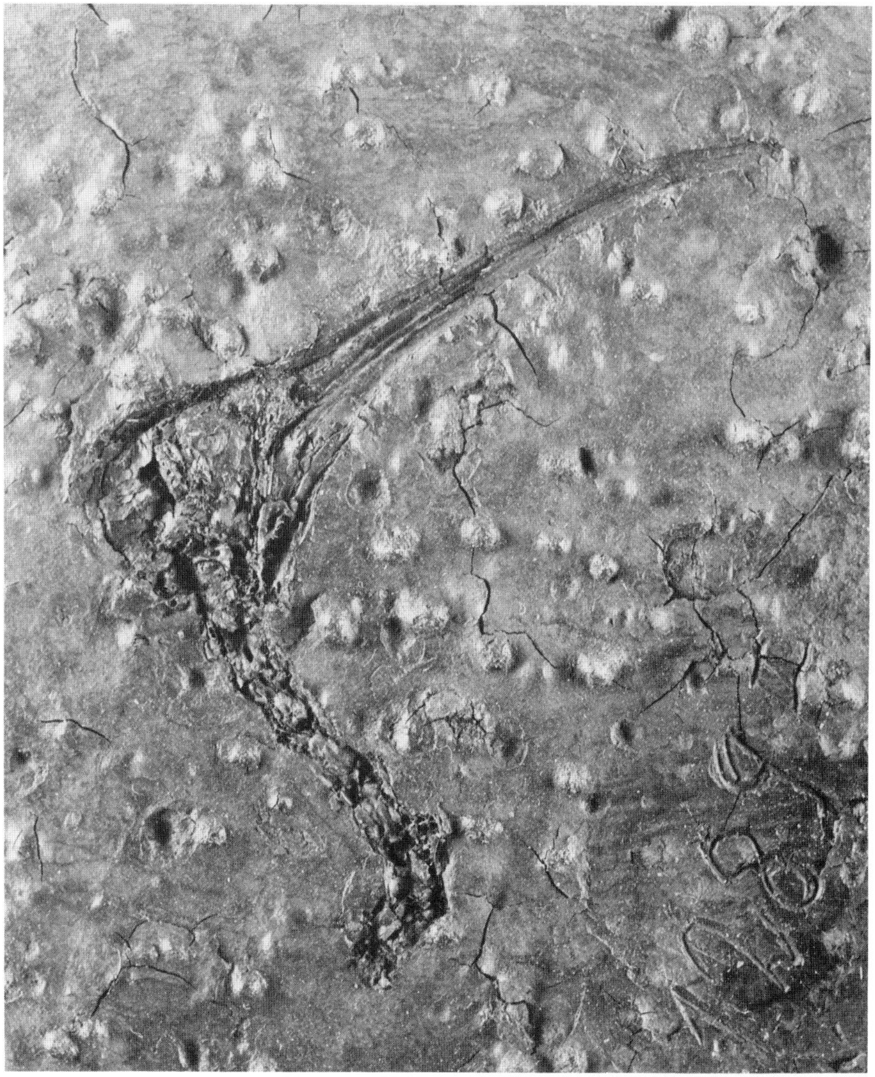

F47 *Rhynchaeitis messelensis*. Kopf eines Ibisverwandten auf Ölschiefer. Länge des Schädels 8 cm. HLMD – Me 7470.

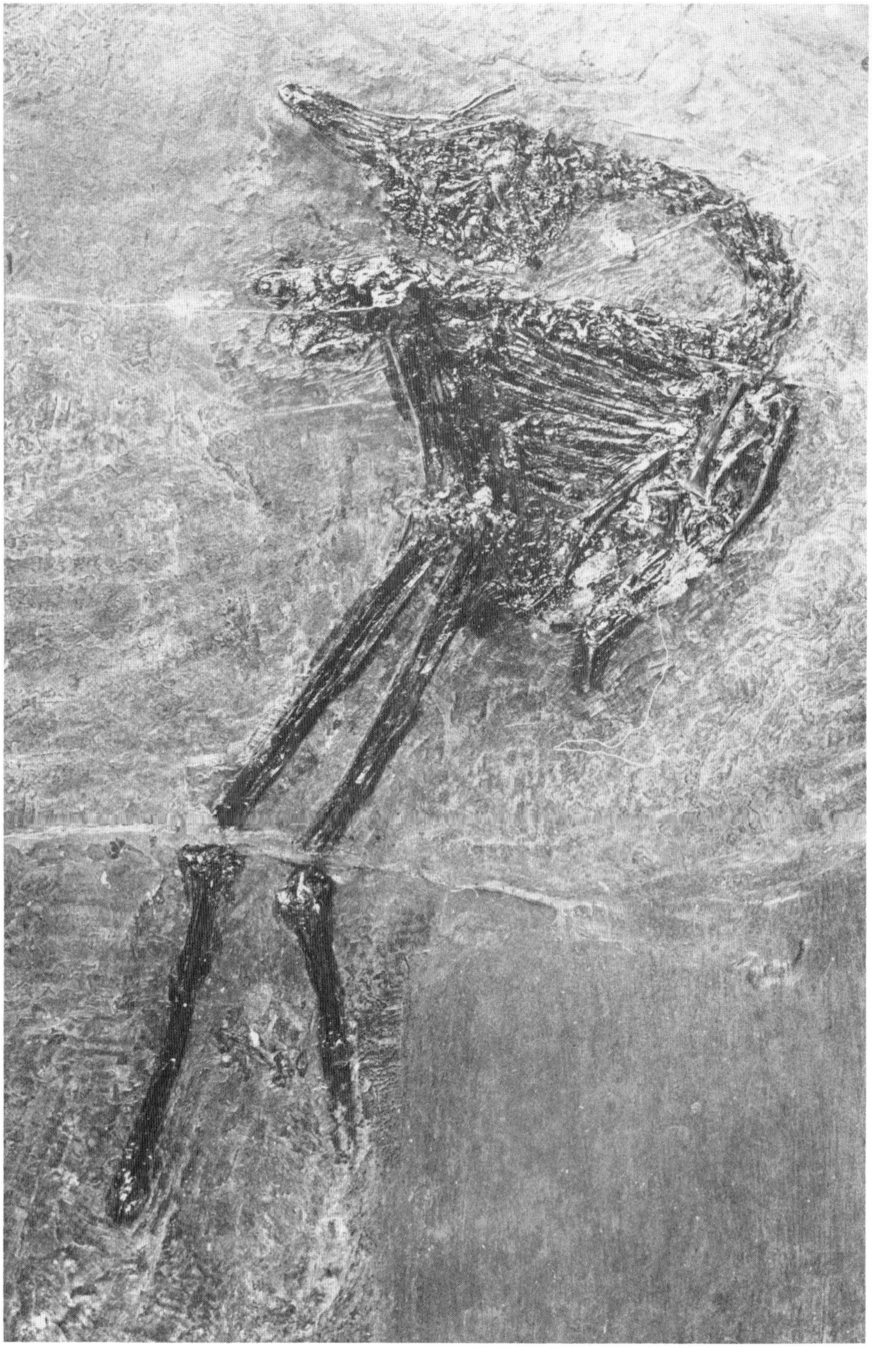

F48 Messelralle. Vogelskelett ohne Füße. Schädellänge 43 mm. HLMD – Me 8972.

F49 Messelralle. Vogelskelett auf Ölschiefer. Höhe der Platte 22,5 mm. HLMD – Me 7475.

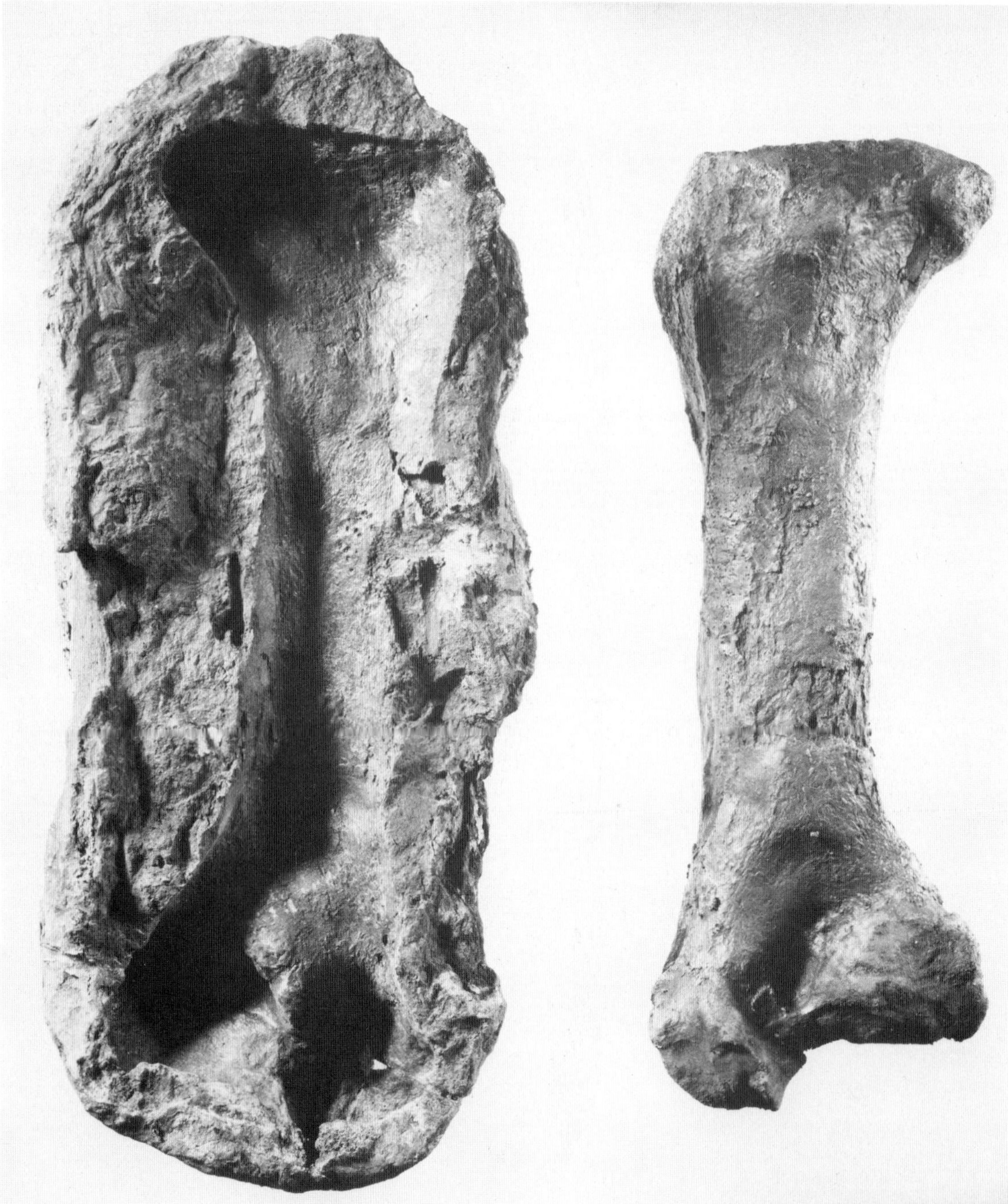

F50

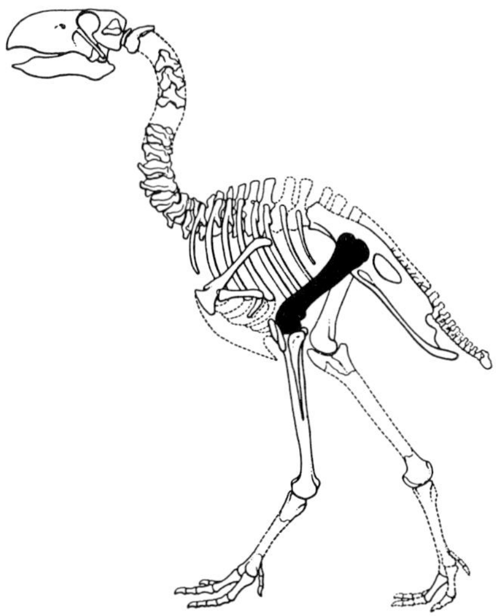

F51 Rekonstruktion von *Diatryma* aufgrund von Skelettfunden aus Nordamerika (aus MATTHEW, W. D. & GRANGER, W. 1917).

F50 *Diatryma* sp. Großer Laufvogel, Geode und Ausguß eines linken Oberschenkelknochens (Länge 29 cm). HLMD – Me 6116.

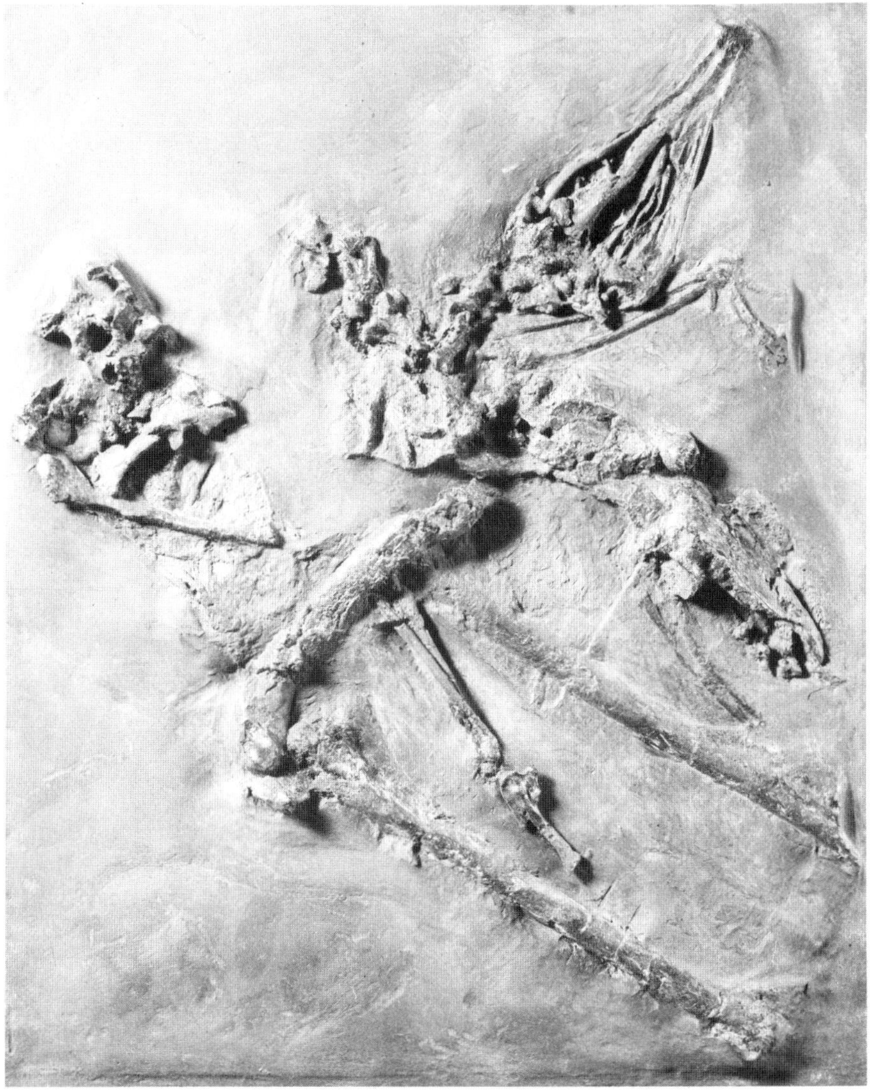

F52 *Palaeotis weigelti.* Kleiner Laufvogel, Teilskelett mit Schädel (Länge 10 cm). HLMD – Me 711.

Die Säugetierfauna

Säugetiere gibt es zwar seit rund 210 Millionen Jahren, sie bleiben aber zunächst für etwa 150 Millionen Jahre eine kleine untergeordnete Tiergruppe. Erst nach dem Aussterben der Saurier entwickelten sie im Alttertiär eine große Formenvielfalt. Im Eozän, also in der Zeit, die der Ölschiefer von Messel belegt, bilden sich gerade die modernen Gruppen heraus. Das heißt aber nicht, daß die vorliegenden Tierarten als primitiv angesehen werden können. Sie sind vielmehr bereits damals an ihren Lebensraum in erstaunlicher Weise angepaßt, zeigen zum Teil sogar schon einen Anpassungsgrad, der dem der heutigen Vertreter dieser Gruppen entspricht, wie etwa bei den Fledermäusen, den Schuppentieren und den Ameisenbären. Für sie hat sich weder die Nahrung noch das Umfeld in der Zwischenzeit wesentlich geändert, so daß trotz der erheblichen Zeit von 50 Millionen Jahren kaum größere Veränderungen im Körperbau stattgefunden haben. Bei diesen Gruppen erfolgte die Eroberung dieser Nischen, die wahrscheinlich mit einer raschen Evolution einherging, sehr schnell und zu einem frühen Zeitpunkt.

Bei den Pflanzenfressern liegen dagegen ganz andere Verhaltnisse vor. Sie sind in Messel weitgehend noch viel ursprünglicher als in der heutigen Fauna. Man braucht nur an den langen Entwicklungsweg zu denken, der zwischen den kleinen Urpferdchen und den heutigen Pferden durchschritten wurde. Die Pflanzenfresser haben sich gegenseitig heftige Konkurrenz gemacht, und dadurch gab es stets einen Anreiz zur weiteren Entwicklung, um den Zugang zur Nahrung sicherzustellen.

In etwas modifizierter Weise sind es immer noch die Ideen Darwins, die dieses Geschehen am besten deuten. Wenn sich aber die Pflanzenfresser weiter entwickeln, schneller werden, und auch ein größeres Gehirn entwickeln, dann müssen selbstverständlich auch die Raubtiere nachziehen. Auf diese Weise haben wir eine in ihrem Entwicklungszustand sehr unterschiedlich anmutende Säugetierfauna von einerseits modernen, andererseits ursprünglichen Formen. Als dritte Gruppe kommen noch jene Formen hinzu, die in der Zwischenzeit völlig ausgestorben sind. Diese finden sich z. B. bei den Insektenfressern und bei den Urhuftieren.

Diese Dreiteilung von ursprünglichen, von avantgardistischen Formen und Oldtimern, die verlöschen werden, läßt sich nur aus dem zeitlichen Abstand her erkennen. Sie ist aber in der Fauna jeder Epoche vorhanden.

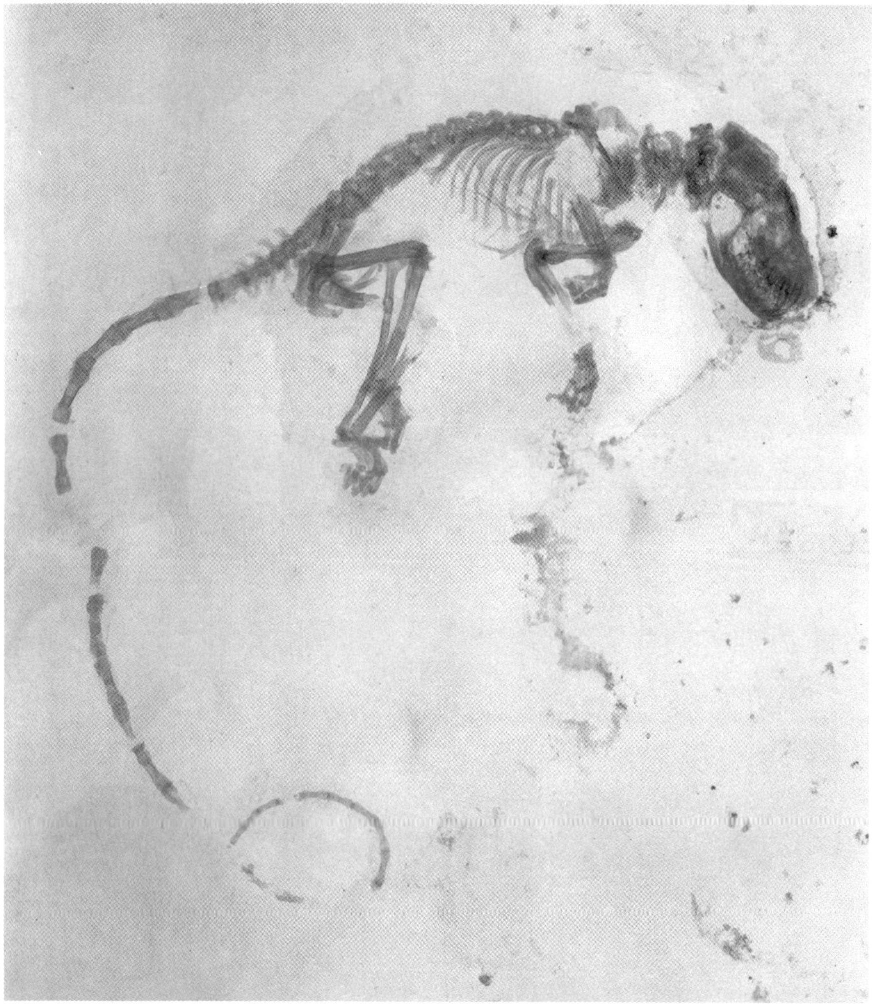

F53 *Peradectes* sp. Kleine langschwänzige Beutelratte. Skelett im Röntgenbild (Kopf-Rumpf-Länge 92 mm, Schwanz-Länge 165 mm). HLMD – Me 8035.

F54 *Amphiperatherium* sp. Große Beutelratte, Schädel und Unterkiefer. Original in den Landessammlungen für Naturkunde Karlsruhe (LNK – Me 982 A).

Beuteltiere

Zur Fauna des Alttertiärs gehören auch in Europa die Beutelratten, die von Nordamerika her eingewandert sind. In Messel wurde zunächst nur das unscheinbare Skelett eines Jungtieres gefunden (131), das wegen der hohen Zahl der Schneidezähne als Beutelratte erkannt werden konnte. Wahrscheinlich von der gleichen Gattung liegt inzwischen ein weiteres sehr kleines, aber ausgewachsenes Skelett vor (Abb. F53), das zunächst der Gattung *Peradectes* zugeordnet wird. Das kleine Tier besaß eine Kopf-Rumpf-Länge von 9,5 cm, aber einen 17 cm langen und eingerollten Schwanz. Viele Beutelratten benutzen ihren Schwanz als Greiforgan.

Auf dem Röntgenbild dieser Fossilplatte sind die Beutelknochen gut zu erkennen. Diese haben übrigens nichts direkt mit dem Beutel zu tun. Vielmehr handelt es sich um Stützknochen der Bauchmuskulatur, die bei ursprünglichen Säugetieren sowohl die männlichen wie die weiblichen Tiere besitzen.

Neben dieser sehr kleinen Beutelratte ist aus Messel eine wesentlich größere Form aus der Gattung *Amphiperatherium* (Abb. F54) belegt. Die Kopf-Rumpf-Länge des Tieres beträgt 15 cm und der Schwanz, mit ebenfalls 17 cm, ist im Vergleich zur kleinen Form viel kürzer. Das kann darauf hinweisen, daß beide Formen unterschiedlich angepaßt waren. Diese Platte zeigt die für Beutelratten typische Zahl von vier Backenzähnen, während die plazentalen Säugetiere im Normalfall nicht mehr als drei Backenzähne in jeder Kiefernhälfte besitzen.

In Europa wie in Nordamerika sind die Beutelratten im Jung-Tertiär verschwunden, ohne daß ein Grund dafür anzuführen wäre. In Südamerika und besonders Australien, wo die Beuteltiere nicht unter dem Konkurrenzdruck der plazentalen Säugetiere standen, haben die Beuteltiere eine große Formenfülle entwickelt. Sie blieb in Australien erhalten, wurde aber in Südamerika wieder erheblich eingeschränkt, als plazentale Säugetiere von Nordamerika einwandern konnten.

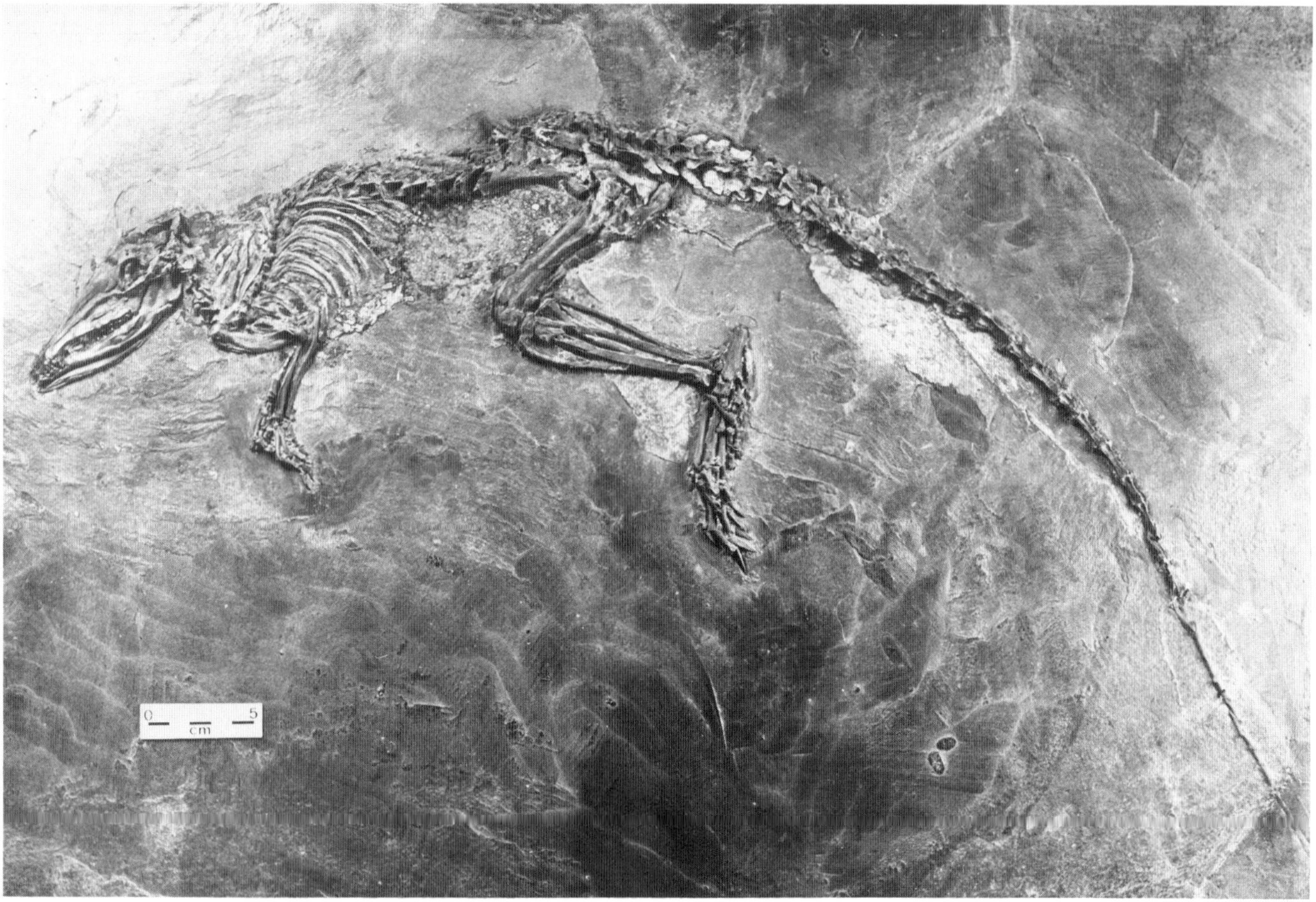

F55 *Leptictidium tobieni.* Großer räuberischer Insektenfresser, Kopf-Rumpf-Länge 37,5 cm, Schwanz-Länge 50 cm, HLMD – Me 8011 – Typus.

Insektenfresser

In dieser Gruppe, von der heute gerade noch Spitzmäuse, Igel und Maulwürfe in Mitteleuropa leben, hat man früher viele Formen mit ursprünglichen Merkmalen gestellt, in der Annahme, daß es sich weitgehend um primitive Säugetiere handele. Dies mag auch zum Teil zutreffen, wenn man nur das Gebiß betrachtet. Die in Messel überlieferten Skelette zeigen aber an, daß der Körperbau oft ein hohes Maß von Spezialisierungen aufweisen kann.

Leptictidium

Eine ungewöhnliche Gattung aus der Gruppe der Proteutheria ist *Leptictidium*, von dem im Ölschiefer von Messel erstmals vollständige Skelette gefunden wurden. Inzwischen sind drei Arten unterschiedlicher Größe (*L. auderiense, L. nasutum* und *L. tobieni,* Abb. F55) belegt. Im Anpassungstyp sind sich alle drei sehr ähnlich. Der lange Schädel zeigt vor den Augengruben eine flachere Grube für einen ausgedehnten Muskelansatz (Abb. F56). Das läßt darauf schließen, daß dieses Tier einen kleinen Rüssel besessen hat, mit dem es im Laub nach Nahrung stöberte (250). Auffälliger ist der Unterschied in der Länge zwischen Armen und Beinen. Die Hinterbeine sind sehr kräftig und stark verlängert. Auf den ersten Blick mag man bei derartigen Proportionen an eine hüpfende Lebensweise denken. Das ist aber wegen der Konstruktion des Fußgelenkes unwahrscheinlich, weil Schienbein und Wadenbein nicht wie bei allen bekannten Hüpfern verbunden sind. Deswegen muß man annehmen, daß diese Tiere auf den Hinterbeinen mit nach vorne gelegtem Kopf, ausbalanciert durch den langen Schwanz, recht schnell gelaufen sind (Abb. F57) (164).

Damit ist eine in der heutigen Tierwelt überhaupt nicht mehr belegte Bewegungsform überliefert.

F56 *Leptictidium tobieni.* Großer räuberischer Insektenfresser. Schädel mit tiefem Muskelansatz vor den Augen. (Schädel-Länge 10 cm). HLMD – Me 8011.

F57 Rekonstruktion von *Leptictidium nasutum* als räuberischem Läufer mit kleinem Rüssel (aus 164).

F58 *Buxolestes piscator.* Semiaquatischer „Insektenfresser", teilweise zerstörtes Skelett. Kopf-Rumpf-Länge 43 cm, Schwanz-Länge 27 cm. HLMD – Me 7431 – Typus.

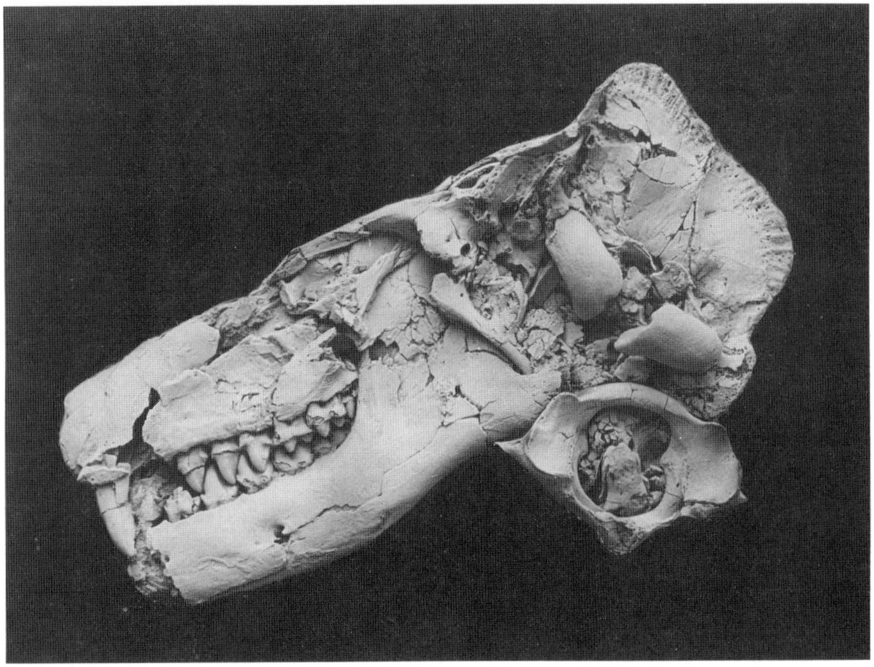

F59 *Buxolestes piscator.* Leicht verdrückter Schädel mit erstem Halswirbel. HLMD – Me 7431 – Typus.

Buxolestes

Buxolestes (Abb. F58 und F59) gehört zu den Pantolestiden (128), einer Familie der Proteutheria, die auch im Eozän von Nordamerika verbreitet sind. Ähnlichkeiten im Skelett zum Fischotter hatten schon bei den amerikanischen Funden die Vermutung erweckt, dieses Tier könne semiaquatisch gelebt haben. Der Nachweis von Fischresten im Magen hat diese frühere Annahme bestätigen können. Die vermutliche Lebensweise, nämlich im Wasser zu schwimmen und Fische zu fangen, hat diesem Tier den Artnamen *piscator* (lat. = der Fischer) eingetragen, während der Gattungsname *Buxolestes* vom mitteleozänen Fundort Bouxweiler im Elsaß hergeleitet ist.

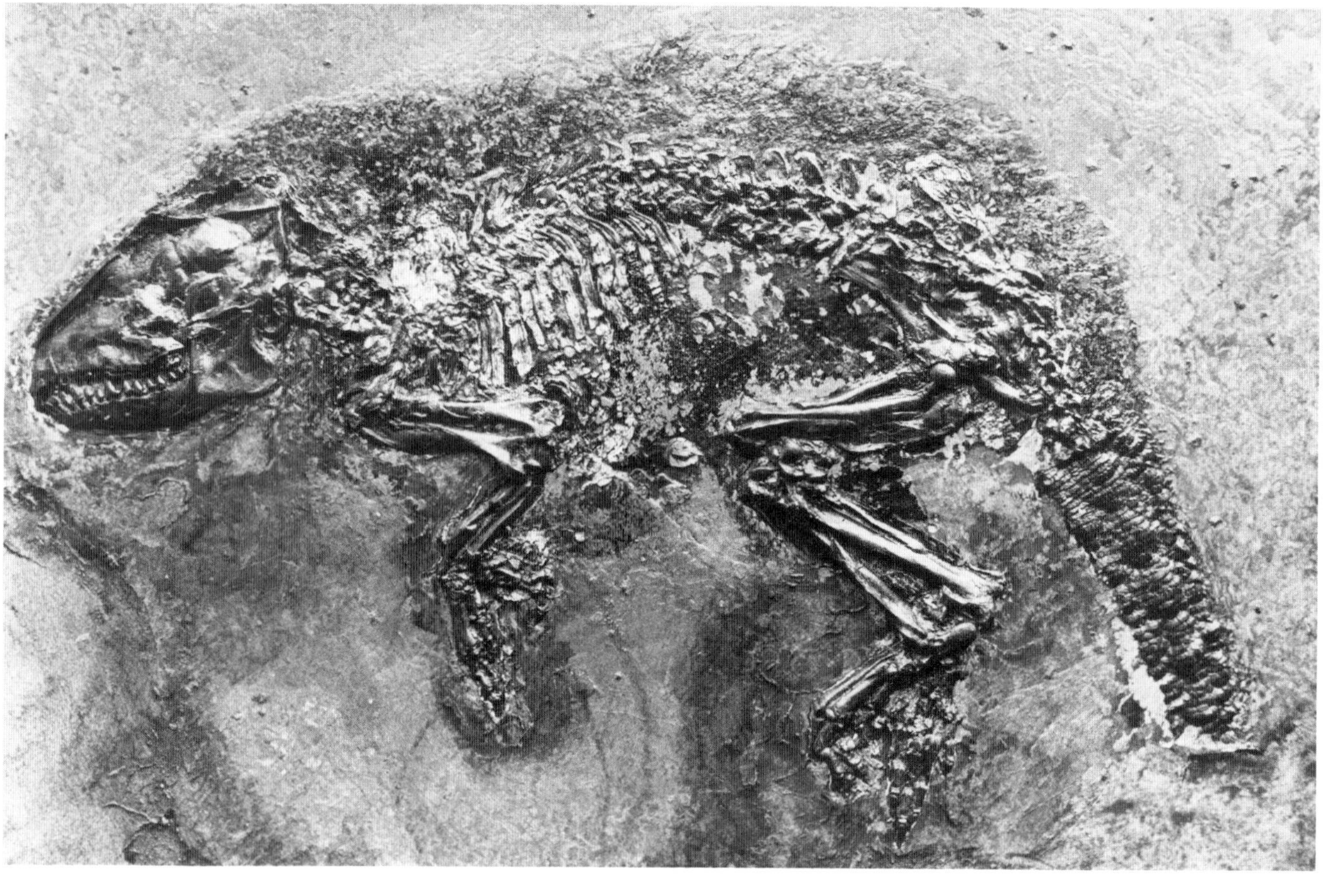

F60 *Pholidocercus hassiacus.* Schuppenschwanz, Skelett, Kopf-Rumpf-Länge 20 cm, Schwanz-Länge (hier unvollständig, sonst) 20 cm. HLMD – Me 7577 – Typus.

Pholidocercus

Pholidocercus hassiacus (Abb. F60) ist ein Igelverwandter, dessen langer Schwanz als ungewöhnliche Schutzanpassung in einer Schuppenröhre steckt, die sich auf dem Röntgenbild deutlich als Knochen abzeichnet (Abb. F61) (139). Die überlieferten Reste lassen auf ein borstiges Rückenhaar schließen, so daß es wohl für Räuber ratsam war, diesen Scharrgräber in Ruhe zu lassen.

Zahnreihen nahe verwandter Formen wurden sowohl im Geiseltal *(Amphilemur)* als auch in Bouxwiller *(Alsaticopithecus)* gefunden und zuerst als Zähne von Primaten gedeutet. Spätere Bearbeiter schoben diese Zahnfunde immer wieder zwischen den Primaten und Insektenfressern hin und her. Erst die Skelettfunde von Messel beendeten die fruchtlose Diskussion und zeigten den Anpassungstyp dieses seltsamen Igelverwandten (Abb. F62).

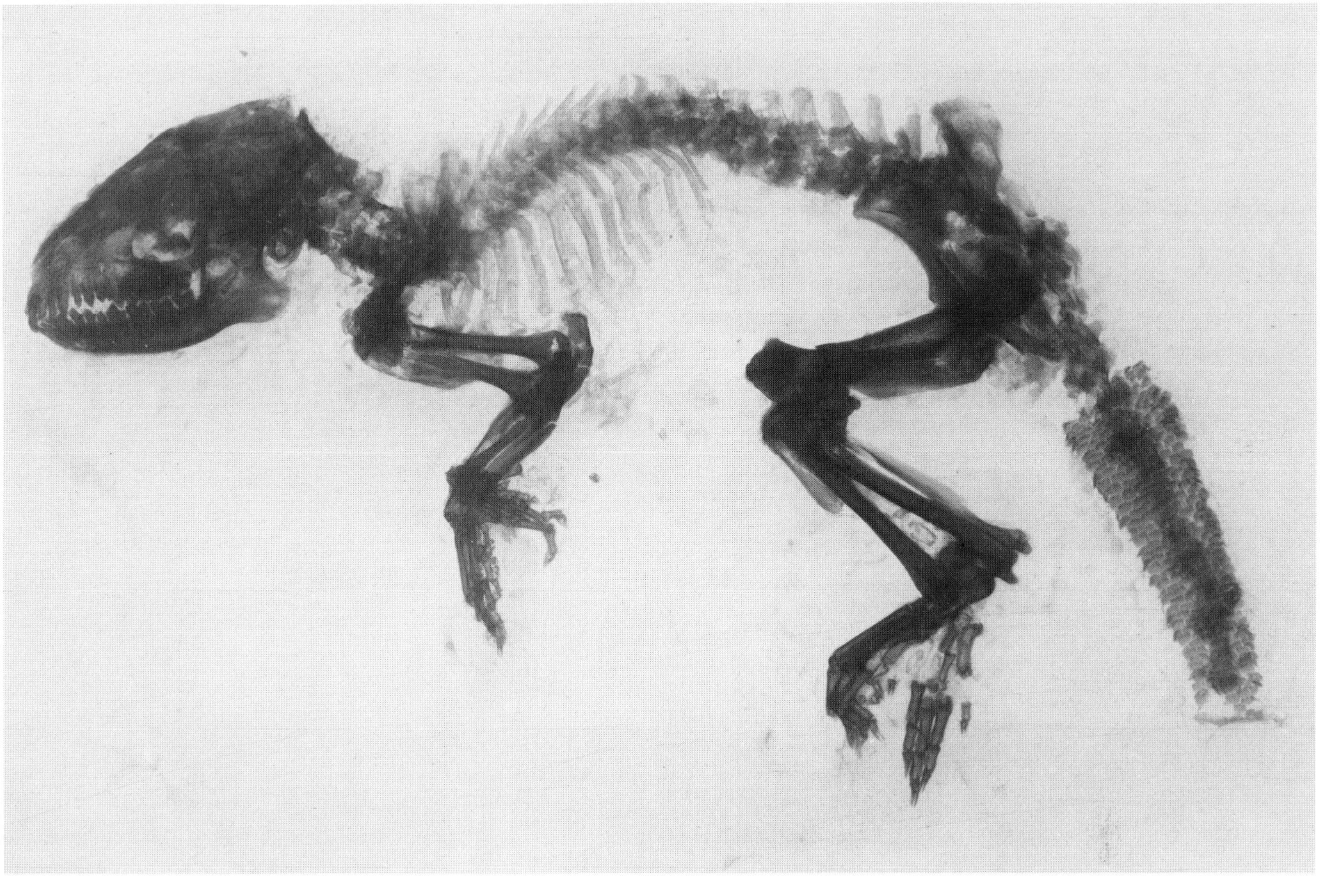

F61 *Pholidocercus hassiacus*. Röntgenaufnahme des Skelettes mit den Knochenschuppen in der Schwanzhaut. HLMD – Me 7577 – Typus.

F62 *Pholidocercus hassiacus*. Schuppenschwanz, Rekonstruktion des Igelverwandten (aus 139).

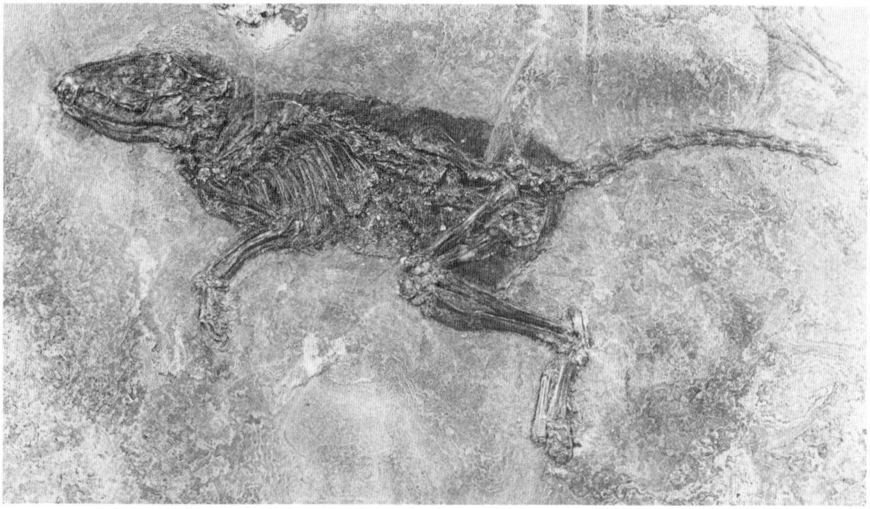

F63 *Macrocranion tupaiodon*, Kleiner Insektenfresser, Skelett, Kopf-Rumpf-Länge 17 cm, Schwanz unvollständig, sonst etwa 13–14 cm. HLMD – Me 8041.

F64 *Macrocranion tupaiodon.* Schädel mit Ohr in Hauterhaltung. Länge des Schädels 4,3 cm. HLMD – Me 7575.

Macrocranion

Macrocranion tupaiodon (Abb. F63) ist unter den Insektenfressern aus Messel die häufigste Form. Es ist wie *Pholidocercus* ein Igelverwandter, jedoch zeigt er keine der Schutzanpassungen. Am Skelett fallen die langen Hinterbeine gegenüber den kurzen Vorderbeinen auf. Da Schienbein und Wadenbein verschmolzen sind, ist es durchaus vorstellbar, daß dieses Tier mit einem langen Schwanz, am Boden des Urwaldes hüpfend seine Nahrung aufstöberte (162, 163). Diese bestand wahrscheinlich aus kleinen Beuteltieren, dazu dürfte *Macrocranion* aber auch Pflanzenkost aufgenommen haben. Da eine nächtliche Lebensweise angenommen wird, werden bei den relativ kleinen Augen, Gehör und Geruch die entscheidenden Sinnesorgane gewesen sein. Nachdem das vollständige Gebiß von *Macrocranion* (Abb. F64) aus Messel bekannt geworden ist (163, 266), wurde diese Gattung im Geiseltal (249), aber auch in den etwa gleichalten Faunen Nordamerikas wiedererkannt (144).

Heterohyus

Das Skelett eines Apatemyiden (Abb. F65–66), der Gruppe, zu der *Heterohyus* gehört, ist aus Messel zum ersten Mal bekannt geworden. Gebißreste sind seit dem Paleozän aus Nordamerika belegt. Im frühen Eozän erreichten die Apatemyiden Europa, wo sie wie in Nordamerika bis zum Beginn des Oligozän verbreitet waren und plötzlich verschwanden. Zwar gibt das Gebiß gewisse Anhaltspunkte für die Art der bevorzugten Nahrung, aber erst Skelettfunde lassen das volle Ausmaß der Anpassung erkennen. Die Kombination von vergrößerten Schneidezähnen mit einer extremen Verlängerung einiger Finger, wie es das vorliegende Skelett zeigt, gibt es auch noch in der heutigen Fauna. Ein Beuteltier Neu-Guineas, sowie ein Lemur Madagaskars teilen diese Merkmale, und beide lösen die Borke der Bäume mit ihren Zähnen, um Insektenlarven darunter zu finden. Diese Insektenlarven werden mit den verlängerten Fingern aus ihren Ritzen oder ihren Bohrlöchern geangelt.

Da *Heterohyus* die gleichen Anpassungen, vergrößerte Schneidezähne und verlängerte Finger zeigt, kann in diesem Fall auf eine ähnliche Lebensweise geschlossen werden. Mit *Heterohyus* hat offensichtlich noch eine dritte Säugetiergruppe diese ökologische Nische erobert. Trotz mancher Übereinstimmungen sind diese drei Gruppen aber nicht näher untereinander verwandt.

Im weiteren Verlauf der Erdgeschichte hat eine Vogelgruppe, nämlich die Spechte, diese Nische besetzt, und damit möglicherweise zum Verschwinden der Apatemyiden beigetragen. Die beiden Inseln Neu-Guinea und Madagaskar, wo die beiden rezenten Vergleichsformen zu *Heterohyus* noch vorkommen, wurden nicht von Spechten besiedelt.

F65 *Heterohyus* sp. „Langfinger", Insektenfresser mit verlängerten Fingern. Kopf-Rumpf-Länge 12,5 cm, Schwanz-Länge 18 cm. HLMD – Me 8850.

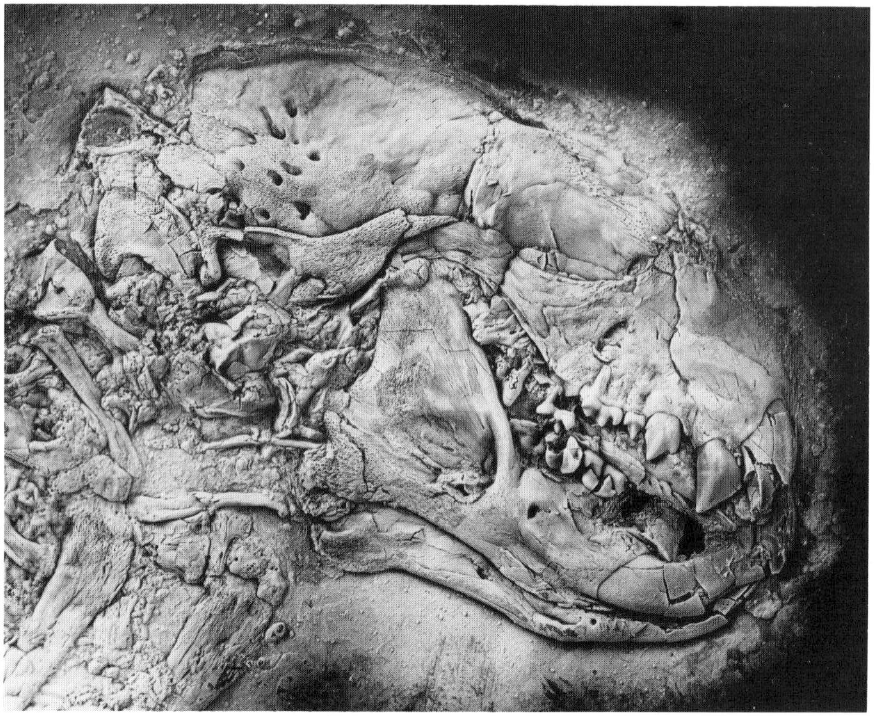

F67 *Hassianycteris messelensis.*
Große Fledermaus, Unterarmlänge 68 mm.
HLMD – Me 7539.

F66 *Heterohyus* sp. Schädel mit großen Schneidezähnen und Hände mit verlängerten Fingern. (Details zu Abb. F65) HLMD – Me 8850.

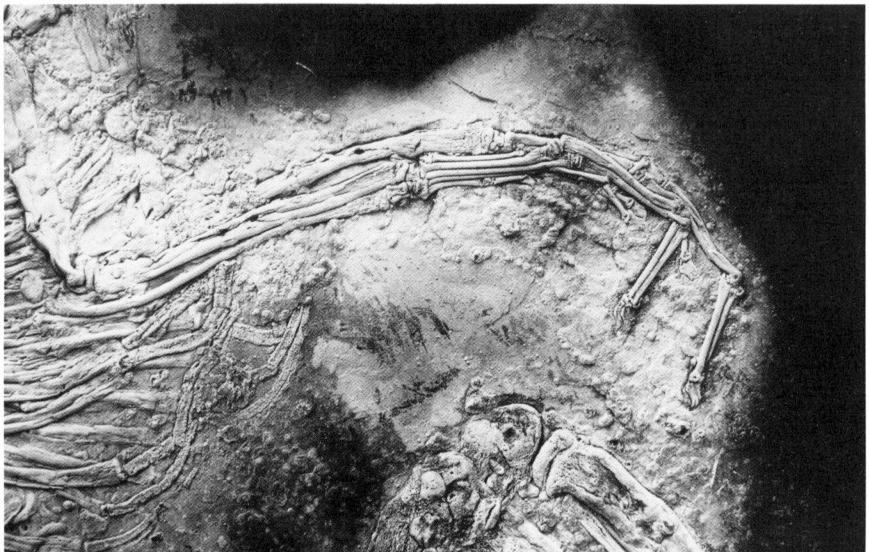

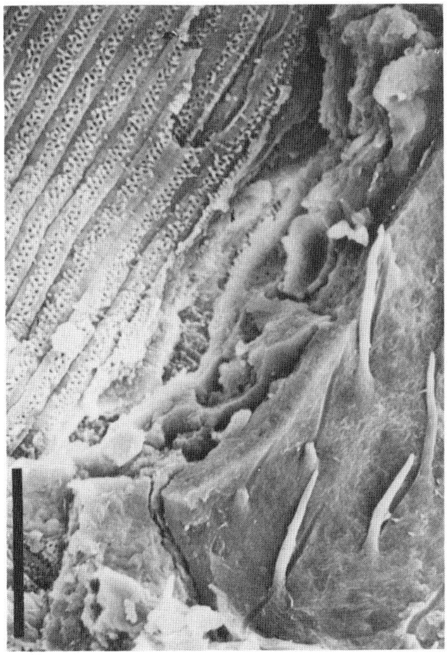

F68 Mageninhalt von *Hassianycteris messelensis* (F67) mit Schmetterlingsschuppen und Insektenresten. HLMD – Me 7539.

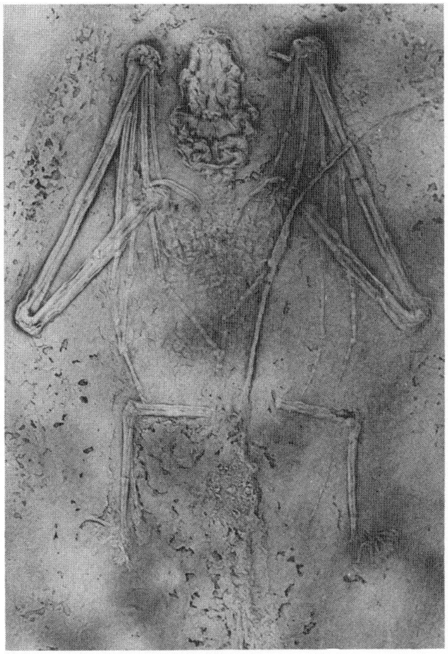

F69 *Palaeochiropteryx tupaiodon*. Kleine Fledermaus, Unterarmlänge 38 mm. HLMD – Me 9017.

F70 *Archaeonycteris* sp. Große Fledermaus, Unterarm-Länge etwa 65 mm. HLMD – Me 8057.

Fledermäuse

Trotz des hohen Alters der Fauna von Messel gibt es einige hochspezialisierte Insektenfresser, die sich nur wenig von den rezenten Vertretern dieser Gruppe unterscheiden. Besonders zahlreich sind die Fledermäuse (Abb. F67–F70), von denen acht Arten in vier verschiedenen Gattungen belegt sind. Die Unterschiede in Körpergröße, Flügellänge und Flügelbreite lassen erkennen, daß die Fledermäuse schon damals in ähnlicher Weise ökologisch differenziert waren wie heute (90). Die Vielfalt der Typen entspricht etwa der heutigen Vielfalt auf dem indischen Subkontinent. Allerdings fehlen nach den bisherigen Funden fruchtfressende Fledermäuse noch ganz. Es ist schwierig, aufgrund des paläontologischen Materials nachzuweisen, daß diese frühen Fledermäuse schon eine Ultraschallortung besessen haben. Sie ist jedoch wahrscheinlich, damit sich Fledermäuse gegenüber Vögeln behaupten können. Während die Vögel nur bei ausreichendem Licht jagen können, sind Fledermäuse in der Lage, Ultraschallortung vorausgesetzt, auch in der Dämmerung oder nachts Insekten zu fangen. Direkte Hinweise auf eine Ultraschallortung ergeben sich einerseits aus den Abmessungen des Innenohres (185) und andererseits aus dem bei vielen Tieren gefundenen Mageninhalt (Abb. 68), in dem unter anderem die Schuppen von nachtfliegenden Schmetterlingen nachgewiesen werden können (234). Damit haben sich die Fledermäuse sehr früh ihre ökologische Nische erobert und seitdem kaum mehr Veränderungen ihres Bauplanes erfahren.

Es bleibt allerdings das Problem, auf welche Weise die zahlreichen im Ölschiefer gefundenen Fledermäuse umgekommen sind. Eine Hypothese geht davon aus, daß sich über dem Wasser giftige Gase ansammelten, die die Fledermäuse, ebenso wie Vögel, vergifteten, wenn sie dicht über der Wasseroberfläche nach Insekten jagten (235).

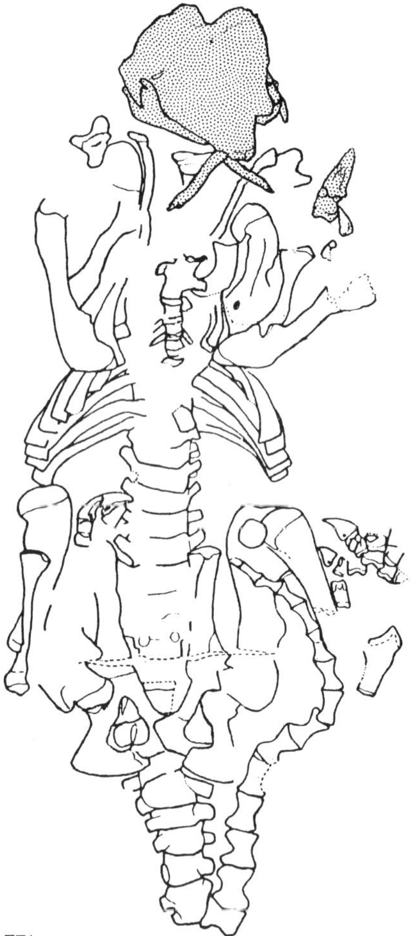

F71

F72a

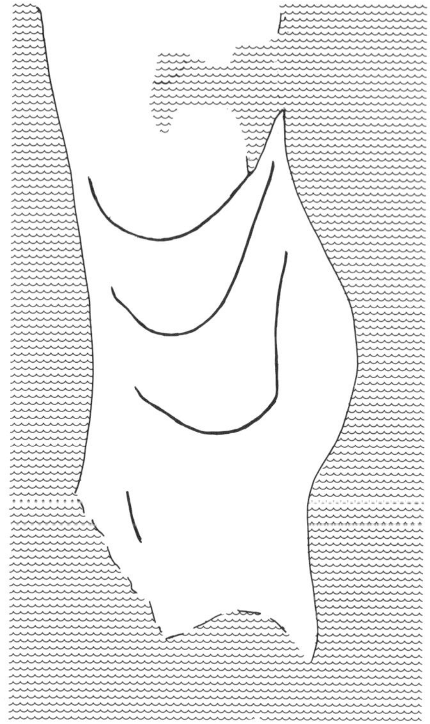

F72b

Ameisenfresser

Ähnlich modern wie die Fledermäuse wirkten zwei hochspezialisierte Ameisenfresser, das Schuppentier *Eomanis waldi* (Abb. F71) und der Ameisenbär *Eurotamandua joresi* (Abb. F73). Beide nicht näher miteinander verwandten Formen haben sich in gleicher Weise an Erbeutung staatenbildender Insekten angepaßt. Mit einer langen klebrigen Zunge werden die Ameisen aufgeleckt, wenn der Ameisenbau, notfalls mit der stark vergrößerten Kralle des Mittelfingers, aufgebrochen ist. Zähne werden nicht benötigt, deswegen sind die zahnlosen Unterkiefer zu schmalen Spangen reduziert (244, 245) (Abb. F71). Daß die Schuppentiere aus Messel, die den modernen Formen aus Afrika und Asien im Knochenbau so weitgehend ähneln, auch bereits Hornschuppen besessen haben, läßt sich direkt am Fossilienmaterial belegen. An einem ansonsten unscheinbaren Stück blieben über dem Oberschenkelknochen 4 Hornschuppen (Abb. F72) im Originalmaterial erhalten (136). Erstaunlicherweise fanden sich im Mageninhalt der Schuppentiere zwar viel Sand und Holz aus dem Beifang, allerdings bislang keine Reste von Ameisen.

Der Ameisenbär *Eurotamandua* (Abb. F73) ist wegen einer besonderen Gelenkung der Wirbel zweifellos eng mit den Ameisenbären Südamerikas verwandt, was ein großes paläogeographisches Problem aufwirft (246), denn Südamerika war während des gesamten Tertiärs von Nordamerika isoliert, so daß kein Faunenaustausch stattfand. Der Fund aus Messel, der der einzige Ameisenbär außerhalb Südamerikas ist, zwingt dazu, über einen möglichen Ausbreitungsweg nachzudenken, der nicht nur *Eurotamandua*, sondern auch die sebecosuchen Krokodile nach Europa geführt hat. Da weder Funde aus Nordamerika noch aus Afrika vorliegen, kann noch keiner der beiden denkbaren Wege bewiesen werden (247, 248).

Bisher ist nur ein einziges Skelett von *Eurotamandua* gefunden worden, das sich in Privatbesitz befindet. Bedauerlicherweise war der Besitzer nicht bereit, einen Abguß dieses Fundes für die Ausstellung zur Verfügung zu stellen.

F71 *Eomanis waldi*. Schuppentier, Zeichnung des Skelettes von der Bauchseite. Gerastert sind der Schädel, die zahnlosen Unterkieferspangen sowie die Grabkralle der linken Hand. Länge des Fossils 28 cm (aus 245).

F72 *Eomanis waldi*. Oberschenkel des Schuppentieres mit Hornschuppen. Länge des Bildausschnittes 25 mm. HLMD – Me 4247 (aus 133).

F73 *Eurotamandua joresi*. Ameisenbär, Skelett, Kopf-Rumpf-Länge 51 cm, Schwanz-Länge 35,5 cm (aus 246). Original in Sammlung Dr. G. Jores, Darmstadt.

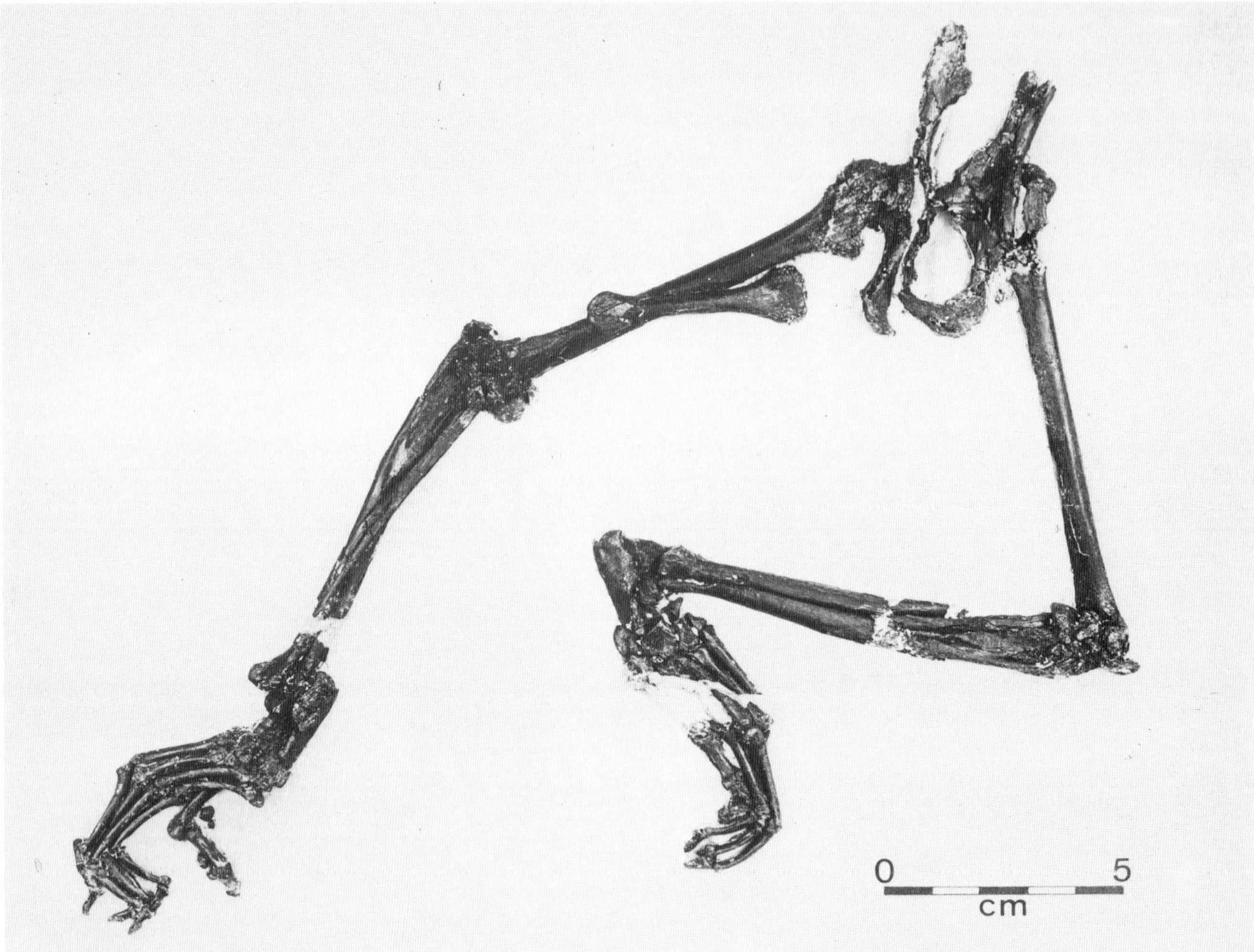

F74 Adapide. Halbaffe, Teilskelett mit Becken und beiden Beinen. Länge des gestreckten linken Beines 25,5 cm. HLMD – Me 7430.

Halbaffe

Die Primaten, zu denen auch der Mensch gehört, waren im Alttertiär als Halbaffen weit verbreitet und ähnelten in vielen Merkmalen den Lemuren Madagaskars. Im Jahre 1975 wurde ein Teilskelett von einem solchen Lemuren gefunden (Abb. F74). Der vorhandene Körperteil sowie der Schwanz waren vor der Einbettung abgefault. Demnach ist diese Tierleiche, im Gegensatz zu den meisten anderen, längere Zeit im Wasser geschwommen (127, 141).

Der überlieferte Skelett-Teil zeigt zum einen den wohlausgebildeten Greiffuß mit einer verstärkten, abspreizbaren großen Zehe, dessen letztes Glied abgeplattet ist und demnach einen flachen Nagel getragen hat (Abb. F75). Nägel statt Krallen kennzeichnen die Primaten.

Das letzte Glied der zweiten Zehe ist etwas verlängert und trug die Putzkralle, mit der Fellpflege betrieben wurde. Diese Putzkralle am zweiten Zeh kennzeichnet auch alle modernen Halbaffen.

Über dem Oberschenkelknochen liegt ein symmetrischer Knochen, der auf der Rückseite eine tiefe Rinne aufweist. Es ist ein Penisknochen, ein primitiver Stützknochen, der bei höher entwickelten Formen durch Schwellkörper ersetzt wird. Auf diese Weise lassen sich von dem hervorragenden Material aus Messel sogar Aussagen über die Evolution von Weichteilen machen (135).

Die Halbaffen des Alttertiärs Europas und Nordamerikas zeigen einige besondere Merkmale, die sie als direkte Vorfahren der Menschenaffen Afrikas ausschließen. Die Herkunft der afrikanischen Menschenaffen, aus denen sich vor etwa 3 Millionen Jahren die ersten Menschen entwickelten, bleibt zunächst noch ungewiß.

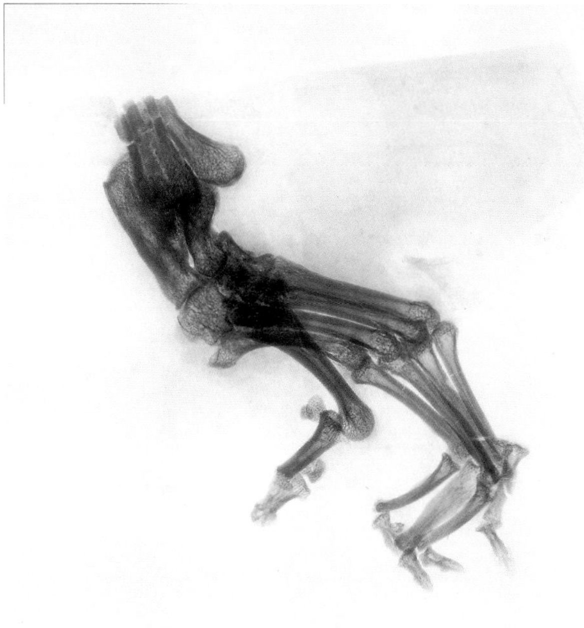

F75 Adapide. Halbaffe, Röntgenbild des linken Fußes vor der Präparation in natürlicher Größe. HLMD – Me 7430.

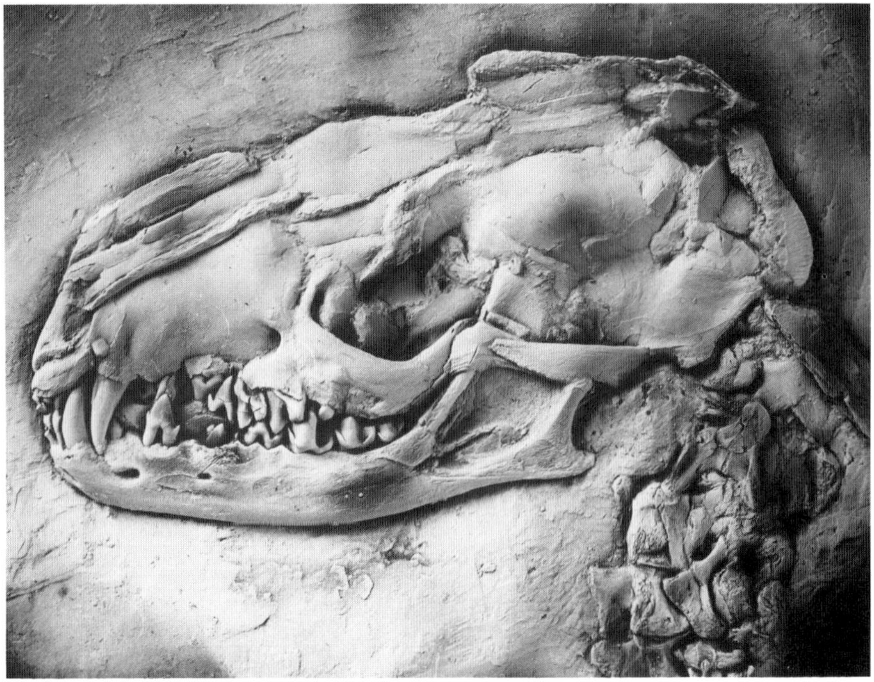

F76 *Paroodectes feisti.* Kleines Raubtier, Schädel-Länge 7 cm. Original in Sammlung O. Feist, Darmstadt.

Raubtiere

Raubtierskelette sind in Messel ausgesprochen selten gefunden worden. Bisher wurden nur drei Arten, die alle nur durch Jungtiere belegt sind, nachgewiesen (237, 239). Eine Art (cf. *Proviverra edingeri*) gehört zu den Urraubtieren (Creodonta), einer Gruppe, die ganz verloschen ist. Die beiden anderen Arten, *Paroodectes feisti*, (Abb. F76) und ? *Miacis kessleri*, kann man aufgrund der Position der Fleischschneideschere zwischen Ober- und Unterkiefer zu den modernen Raubtieren, wenn auch einer ursprünglichen Familie, rechnen.

Im Gebiß von *Paroodectes* stehen noch einige Milchzähne, die anzeigen,daß das Tier mit seiner Kopf-Rumpf-Länge von 32 cm noch nicht ganz ausgewachsen war.

Die bisher belegten Raubtiere sind körperlich alle sehr klein. Die großen Formen, wie sie etwa im Geiseltal von Halle belegt sind (146), fehlen in Messel. Es ist noch nicht gelungen, dafür eine plausible Begründung zu finden.

Kopidodon

Als Glied der Paroxydaeniden gehört *Kopidodon* zu den vielgestaltigen Condylarthra. Die Ordnung wird im Deutschen oft als Urhuftiere bezeichnet, aber *Kopidodon macrognathus* (Abb. F77) zeigt, daß keineswegs alle Formen in Gestalt und Lebensweise Ähnlichkeiten zu Huftieren aufweisen. Die Zuweisung von *Kopidodon* und seinen nächsten Verwandten in einen bestimmten Biotop war erst durch die Skelettfunde aus Messel möglich.

Zunächst wurde nur ein Schädelbruchstück mit der Bezahnung der Ober- und Unterkiefer (Abb. F78) gefunden und beschrieben (283, 270). Von vielen fossilen Säugetieren kennt man nur die Bezahnung, und da man an ihnen die artliche Zugehörigkeit und verwandtschaftliche Beziehungen ablesen kann, bleiben die Zähne das wichtigste Merkmal zur Charakterisierung fossiler Säugetiere.

Das Gebiß bietet aber keine Anzeichen, in welcher Weise diese Tiere spezialisiert waren, ob es schnelle Läufer oder Kletterer waren, ob sie Höhlen gegraben haben oder vornehmlich geschwommen sind.

Die vollständigen Skelette von Messel geben für viele Tiergruppen erstmals die Möglichkeit, Merkmale für die Bewegungsart im Knochenbau zu suchen (134).

Bei *Kopidodon* lassen die Arme und Beine mit freier Elle und freiem Wadenbein auf eine gute Drehbarkeit der Extremitäten schließen, die für einen schnellen Läufer eher ungünstig wäre. Die Hände und Füße sind großflächig und weisen große Krallen auf. Wären die Krallen verbreitert, könnte man an Grabkrallen denken, da sie aber seitlich abgeflacht sind, dürften sie besonders geeignet sein, um an der Rinde von Bäumen Halt zu geben. Die außerordentliche Beweglichkeit dokumentiert sich in der Art ihrer Einbettung (Abb. 79).

Demnach ist es sehr wahrscheinlich, daß *Kopidodon* – obwohl diese Gattung zu den Urhuftieren gehört – ein in Bäumen kletterndes Tier gewesen ist.

Schon im Alttertiär ist diese Gruppe vollständig erloschen.

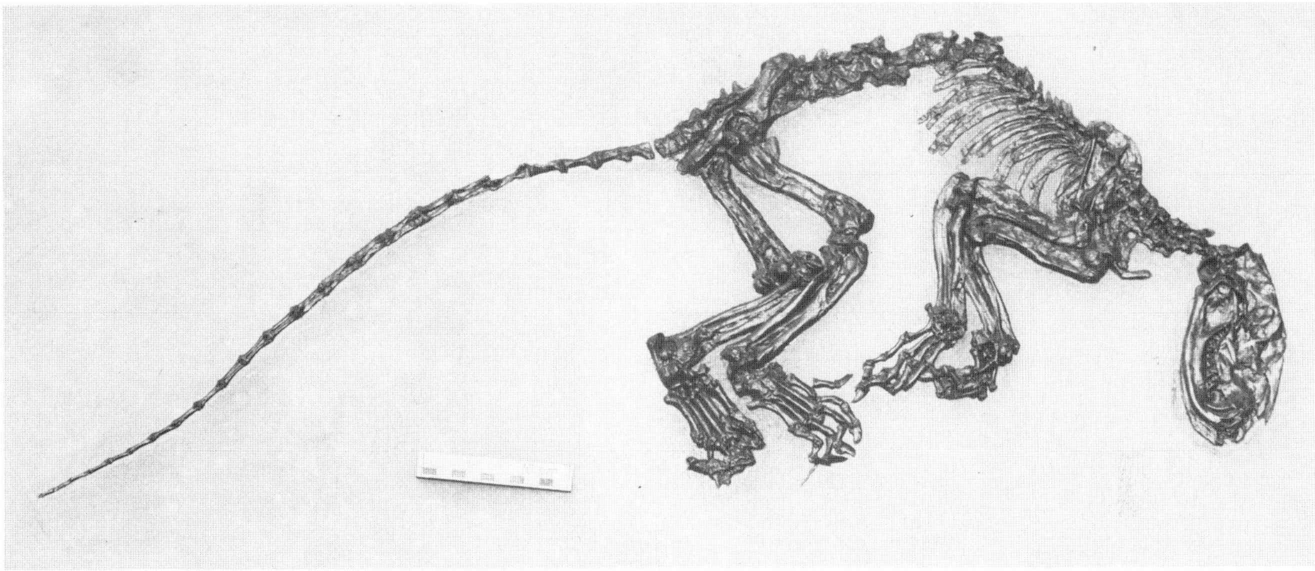

F77 *Kopidodon macrognathus*. Baumlebender Früchtefresser, Abguß des Skeletts (der proximale Teil des Schwanzes ist unecht). Kopf-Rumpf-Länge 60 cm, Schwanz-Länge etwa 55 cm (aus 134). Original in Sammlung E. Pohl, Marly.

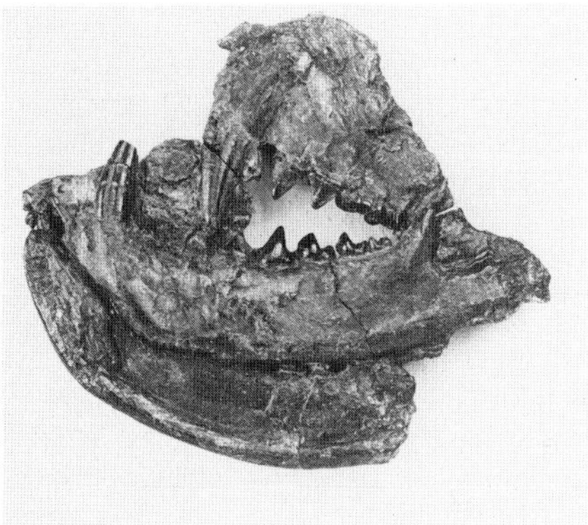

F78 *Kopidodon macrognathus*. Schädelfragment mit Unterkiefern. HLMD – Me 1388 – Typus.

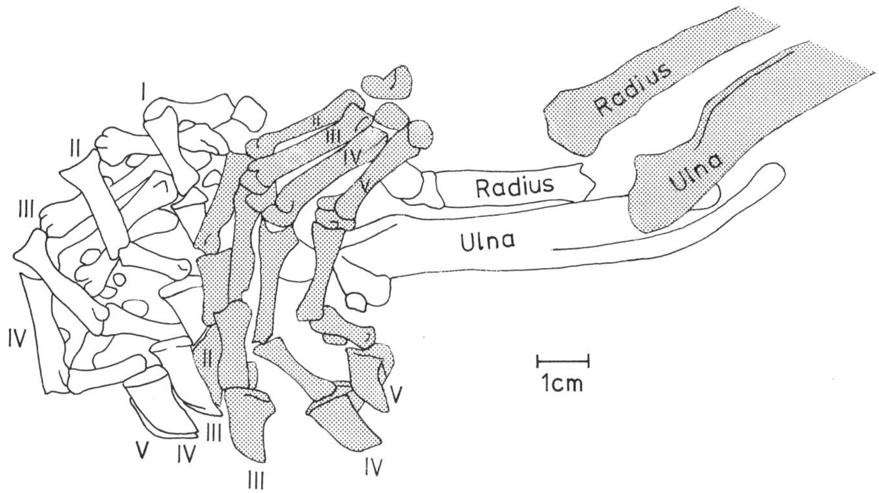

F79 *Kopidodon macrognathus*. Baumlebender Früchtefresser, Hände in natürlicher Fundlage (aus 134).

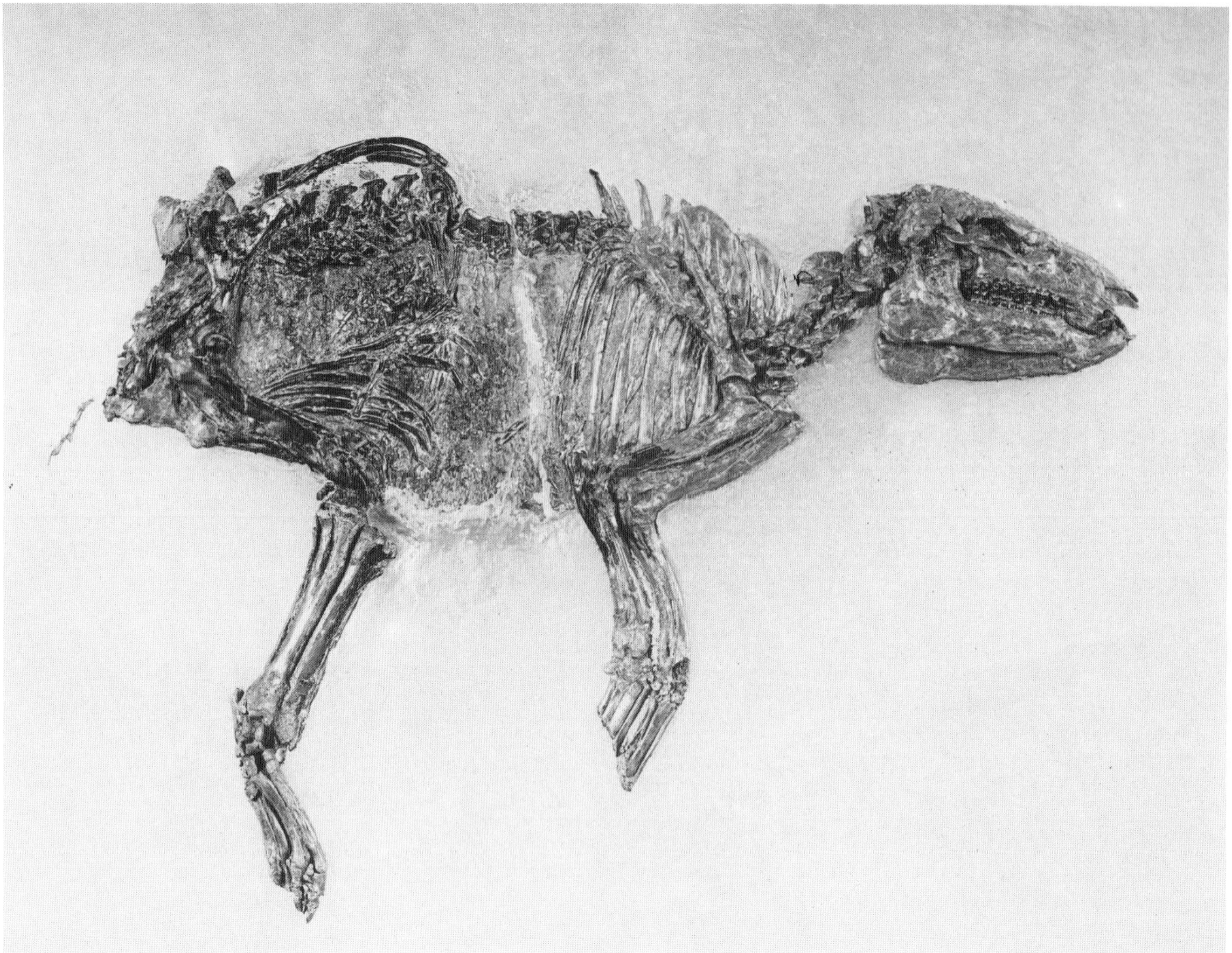

F80 *Propalaeotherium parvulum.* Kleines Messeler Urpferd, Skelett, Kopf-Rumpf-Länge 55 cm, Schulterhöhe etwa 30 cm. HLMD – Me 7582.

Die Messeler Urpferde

Zu den berühmtesten Fossilien aus Messel gehören die beiden Arten der Messeler Urpferde: die größere Art, *Propalaeotherium hassiacum* (Abb. F85 und F89–92) und die kleinere, *Propalaeotherium parvulum (= messelense)* (Abb. F80–84 u. F87, F88). Diese Tiere stehen zwar dem Ursprung der modernen Pferde nahe, sind jedoch nicht deren direkte Vorfahren, haben diesen aber in der Körperform und Größe stark geähnelt (70, 216). Von den Pferden unterscheidet sie u. a. die Zehenzahl. Im Vorderfuß sind vier Zehen, im Hinterfuß drei Zehen sichtbar, bei denen stets die mittlere deutlich verstärkt ist (Abb. F92). Bei den Pferden entwickelt sich daraus die eine tragende Zehe. Wenig verändert wird die Art des Fußgelenkes (Abb. D7).

Das Gebiß ist noch sehr ursprünglich. Die niedrigen Kronen der Zähne stehen vollständig über dem Kieferrand (Abb. F84), während bei den modernen Pferden (Abb. F85) die mehrere cm hohen Zahnkronen je nach dem Verschleiß aus dem tiefen Zahnfach im Kiefer nachgeschoben werden. Die hochkronigen Zähne sind eine Anpassung an die Grasnahrung, denn Gras enthält kleine Quarzkörnchen, die die Zähne sehr stark verschleißen. Da die Zähne der ursprünglichen Pferde niedrigkronig sind, schloß man daraus, daß sie sich von Laub statt Gräsern genährt haben. Das ist sicher richtig, zumal es im Eozän noch keine Grasfluren gab. Im Magen-Darm-Inhalt der Urpferdchen von Messel fand man regelmäßig Blattreste (Abb. F82) (56, 106). Man darf aber die Urpferdchen deswegen nicht sogleich ausschließlich als Laubfresser ansprechen, denn ihnen schmeckten sicherlich auch süße Früchte. Das ausgestellte Skelett zeigt z. B. die Kerne von Weinbeeren, die dieses Tier kurz vor seinem Tode gefressen hat (138).

Als eine Besonderheit wurde im Sommer 1986 von der Grabungsmannschaft des Hessischen Landesmuseums ein weiteres Exemplar von *Propalaeotherium parvulum*

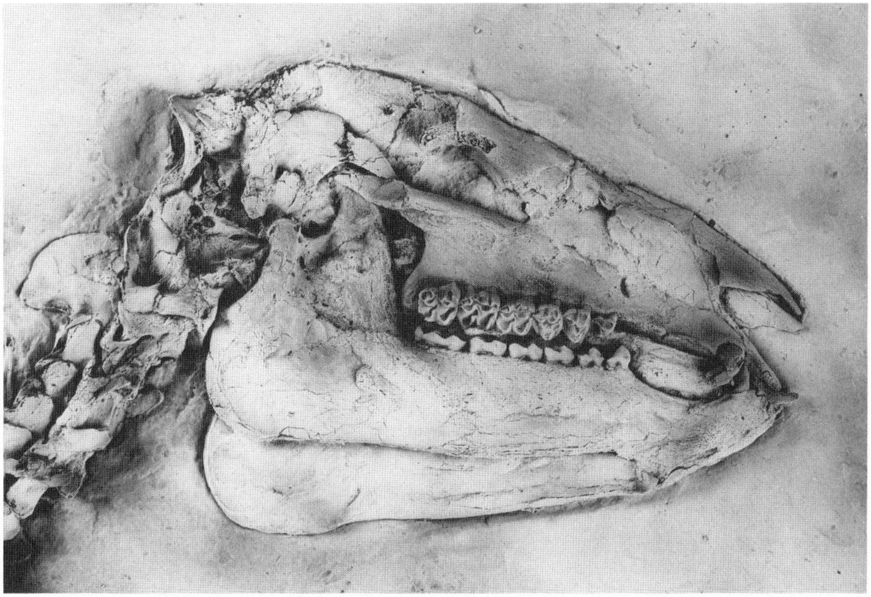

F81 *Propalaeotherium parvulum.* Kleines Messeler Urpferd, Schädel (Länge 13,5 cm). HLMD – Me 7582.

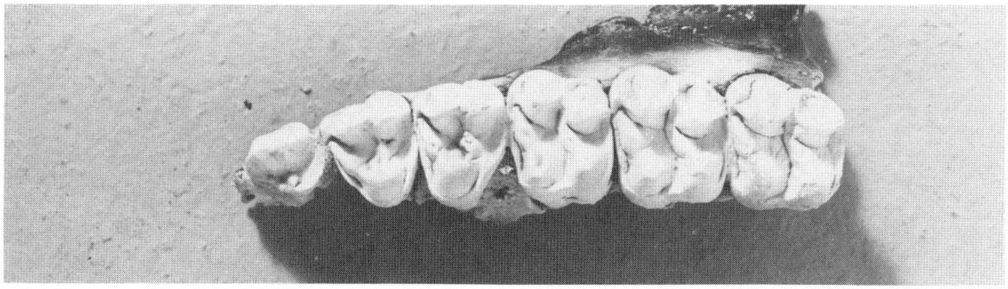

F84 *Propalaeotherium parvulum* und *Propalaeotherium hassiacum.* Oberkieferzahnreihen (P^2–M^3) zeigen den Größenunterschied der beiden Urpferdearten. Länge der Zahnreihen 5 cm (HLMD – Me 62) 8 cm (HLMD – Me 7001).

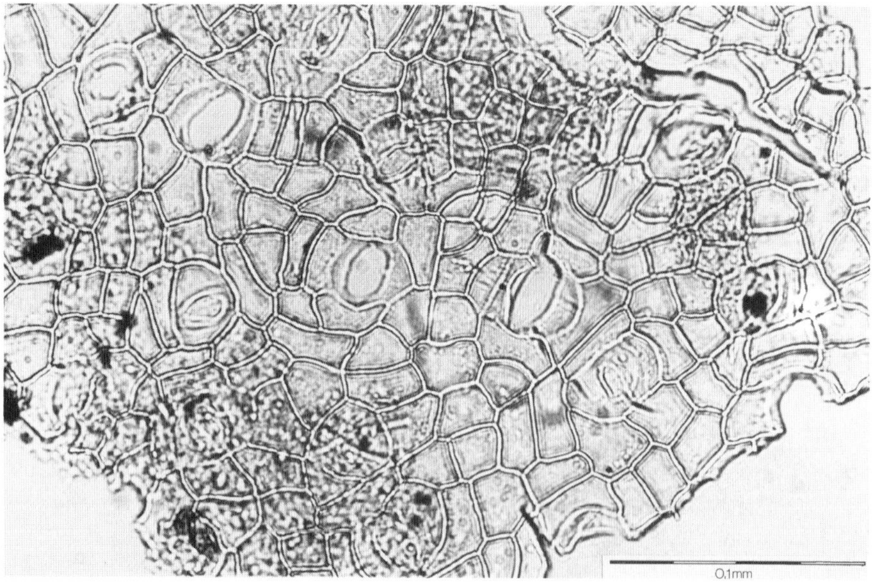

F82 *Propalaeotherium parvulum.* Kleines Messeler Urpferd, Blatt mit Spaltöffnung aus dem Mageninhalt. HLMD – Me 7444.

F83 *Propalaeotherium parvulum.* Kleines Messeler Urpferd, Weinbeerkerne aus dem Mageninhalt. HLMD – Me 7582.

F85 *Propalaeotherium hassiacum*. Großes Messeler Urpferd, linker Unterkiefer mit niedrigen Backenzähnen, Länge des Kiefers 16,5 cm. HLMD – Me 71.

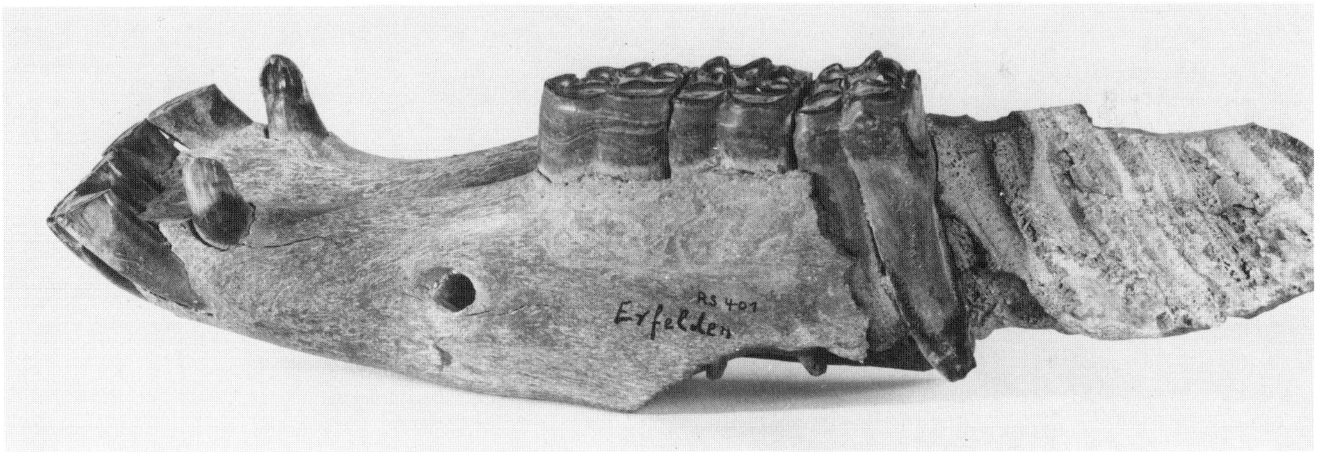

F86 *Equus* sp. Eiszeitliches Pferd aus den Rheinsanden bei Erfelden. Fragment eines Unterkiefers. Im Vergleich zu *Propalaeotherium* besitzen die evoluierten Pferde hochkronige Backenzähne, die tief im Kiefer stecken und eine Reserve bei starkem Zahnabrieb bilden. HLMD – RS 401.

F87 *Propalaeotherium parvulum.* Stute des kleinen Messeler Urpferdes mit Fötus. Das linke Femur mußte entfernt werden, um den Fötus zu zeigen. Schädellänge 13 cm. HLMD – Me 8989.

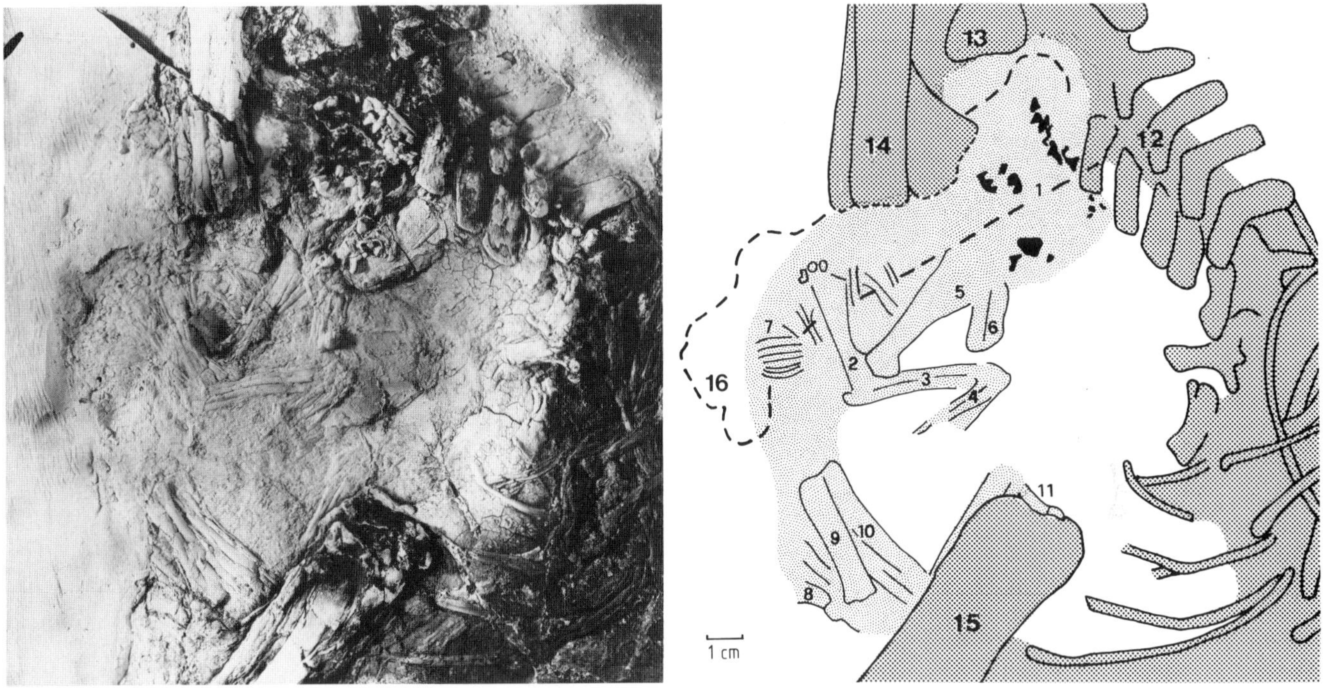

F88 Ausschnitt aus der Hinterleibsregion der Stute von *Propalaeotherium parvulum mit dem zarten Skelett des Fötus. Knochen des Fötus: 1 Schädelbereich mit Zahnkeimen (schwarz), 2 rechter Oberarm, 3 rechter Unterarm, 4 rechte Mittelhand, 5 linker Unterarm, 6 linke Mittelhand, 7 Brustkorb, 8 Becken, 9 rechter Oberschenkel, 10 rechtes Schienbein, 11 rechter Mittelfuß mit Hufen. Das linke Bein ist verdeckt. – Knochen des Muttertieres: 12 Lendenwirbelsäule, 13 Becken, 14 rechter Oberschenkel (distaler Teil entfernt), 15 rechtes Schienbein, 16 Lage des entfernten linken Oberschenkels.*

gefunden (Abb. 87). Bei der Präparation zeigten sich im Bereich des Hinterleibes dieses Tieres zahlreiche kleine Knochen, die nicht zu dem Skelett gehörten, wohl aber zu einem Fötus. Damit erwies sich das Tier als eine tragende Stute. Vom Fötus sind beide Vorderbeine und ein Hinterbein zu erkennen sowie Teile des Brustkorbes. Der Schädel, der dicht vor dem Becken liegt, ist völlig verdrückt, aber deutlich sind die Zahnkeime von Ober- und Unterkiefer zu erkennen (Abb. F88). Daß sich die frühen Pferde auf diese Weise fortgepflanzt haben, ist selbstverständlich. Für diese Feststellung hätte es dieses Fundes nicht bedurft. Von Bedeutung ist allerdings, daß nur ein einziger Fötus vorliegt. Dies scheint kein Zufall zu sein, denn in Messel wurden bislang drei Stuten von *Propalaeotherium parvulum* bekannt, die alle jeweils nur einen Fötus aufwiesen. Unter diesen drei Exemplaren ist allerdings das vorliegende Stück jenes mit dem am weitesten ausgereiften Fötus.

Bei den Säugetieren gibt es nun zwei sehr unterschiedliche Fortpflanzungsstrategien, über deren Alter wenig bekannt ist. Die einen, wie etwa Raubtiere und Nagetiere, werfen in der Regel eine große Zahl relativ unfertiger Jungen, die dann für eine längere Zeit im Schutz eines Baues oder Nestes bleiben und heranwachsen. Auf der anderen Seite zeigen häufig Herdentiere, aber auch z. B. Primaten, eine andere Strategie. Hier wird ein einziges Junges oder in Ausnahmefällen werden auch Zwillinge geboren, die dann unter Umständen viel weiter entwickelt sind.

Im Fall von Herdentieren können sie dann sehr bald der Herde folgen. Die Funde von Messel belegen nun eindeutig, daß diese noch sehr kleinen Urpferdchen aus Messel bereits die Fortpflanzungsstrategie der modernen Pferde und damit reduzierte Zahl der Embryonen besessen haben. Eine derartige Information kann man allerdings nur aus sehr wenigen Fossillagerstätten gewinnen. Messel gehört dazu.

F90 *Propalaeotherium hassiacum.* Großes Messeler Urpferd, Schädel mit Unterkiefer. HLMD – Me 47.

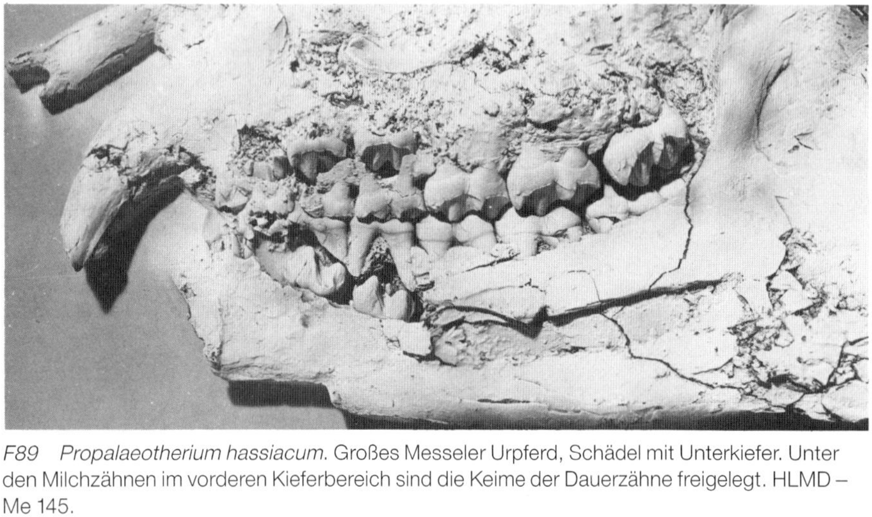

F89 Propalaeotherium hassiacum. Großes Messeler Urpferd, Schädel mit Unterkiefer. Unter den Milchzähnen im vorderen Kieferbereich sind die Keime der Dauerzähne freigelegt. HLMD – Me 145.

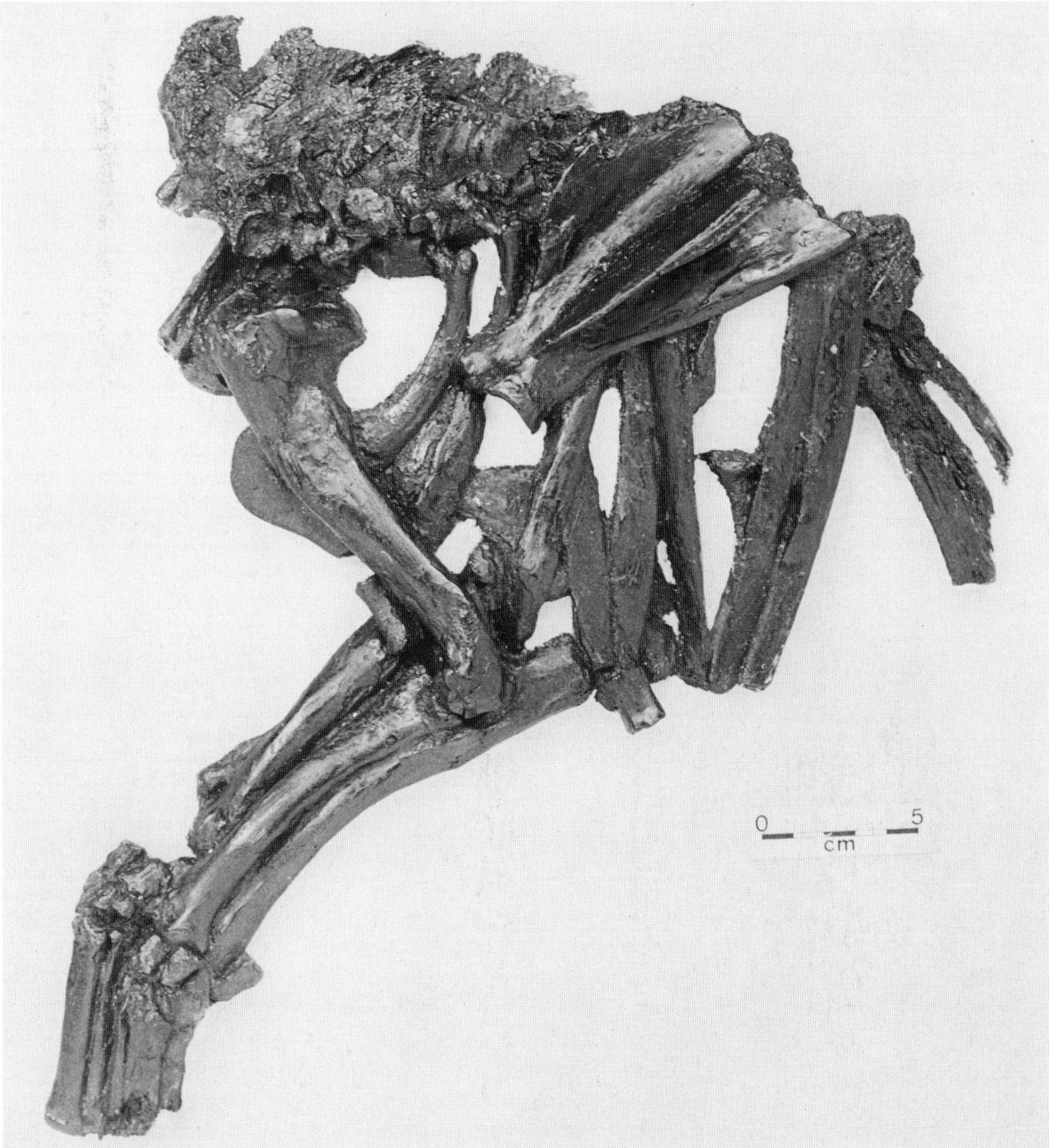

F91 *Propalaeotherium hassiacum.* Großes Messeler Urpferd, Teilskelett mit Vorderbein, Länge des Oberarmknochens 14,5 cm. HLMD – Me 7437.

F92 *Propalaeotherium hassiacum.* Großes Messeler Urpferd, Skelett des Hinterfußes mit drei Zehen, Länge 19 cm. HLMD – Me 60.

Tapire

Von ähnlicher Größe wie die größere der beiden Urpferdarten ist *Hyrachyus minimus* (Abb. F93), ein weiterer Unpaarhufer. Nach dem Gebiß (61) handelt es sich hier aber nicht um einen Pferde-, sondern um einen Tapir-Verwandten. Beide Gruppen waren sich im Eozän noch recht ähnlich. Das hier als Abguß ausgestellt Stück ist bislang der einzige Beleg dieser Tierart.

Hyrachyus minimus ist in Messel das Säugetier mit der größten Schulterhöhe. Das ist erstaunlich, denn in den Braunkohlen des Geiseltales, die ein etwa gleiches Alter haben, kommen wesentlich größere Tapire der Gattung *Lophiodon* in großer Zahl vor. Auch bei Raubtieren sind aus Messel nur kleine Formen belegt. Möglicherweise deutet das auf eine sumpfige Umgebung des Sees von Messel hin, die von schweren Tieren gemieden wurde.

Im frühen Eozän haben sich die Tapire aus den Urhuftieren entwickelt und zunächst mit vielen Formen ausgebreitet. Zu dieser ersten Radiation gehört das Messeler Tapir. Die Formenvielfalt reduzierte sich aber bereits im Oligozän erheblich und echte Tapire mit einer rüsselförmigen Nase bildeten sich aus. Sie gab es sowohl in Eurasien als auch in Nordamerika. Erst während des Eiszeitalters erreichten die Tapire über die Mittelamerikanische Landbrücke Südamerika, wo sie sich bis heute halten konnten. Die nordamerikanischen Populationen verschwanden im Eiszeitalter ebenso wie die Europas. Nur im feucht warmen Süd-Ost Asien hat sich eine andere Tapirart erhalten können.

F93 *Hyrachyus minimus.* Tapirverwandter, Abguß des Skelettes, Kopf-Rumpf-Länge etwa 125 cm, Schulterhöhe etwa 60 cm. Original in Sammlung Dr. G. Jores, Darmstadt.

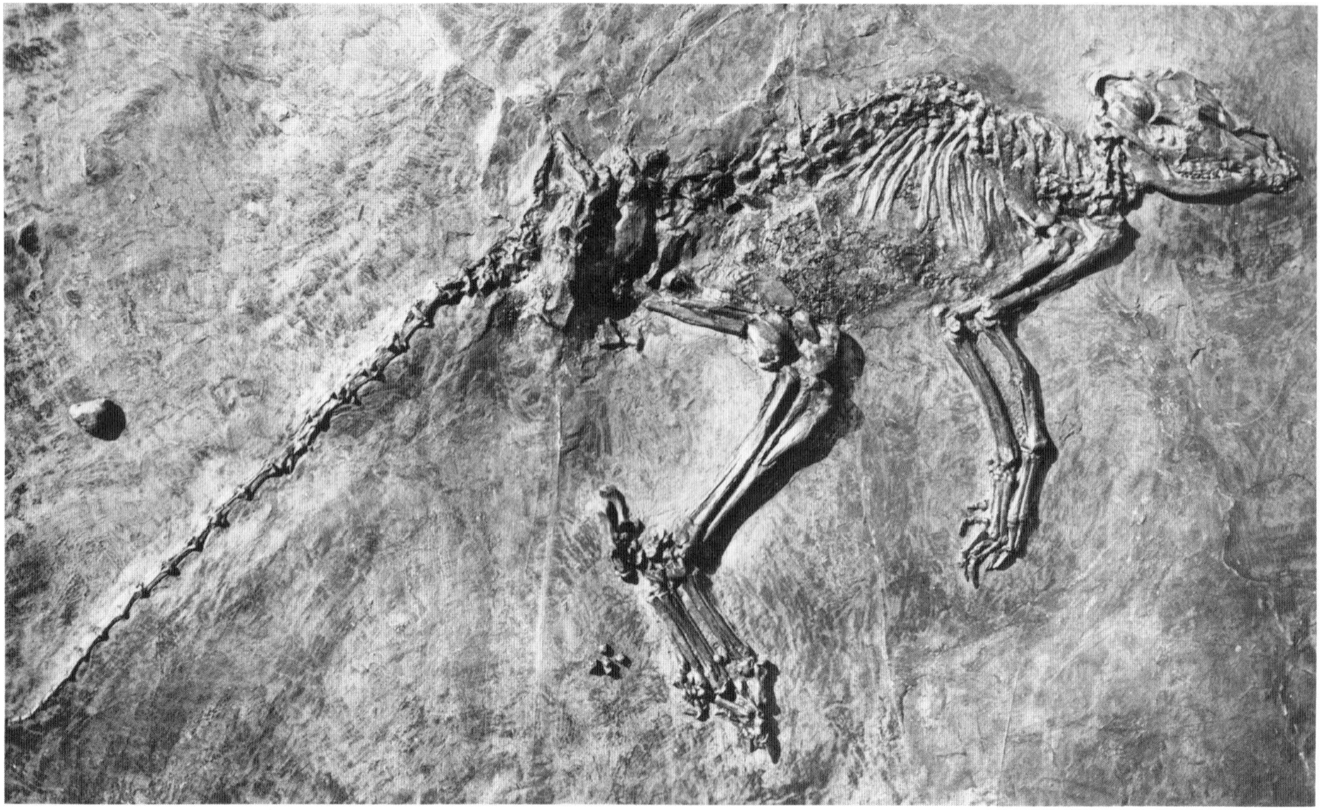

F94 *Messelobunodon schaeferi.* Paarhufer, Abguß des Skelettes, Kopf-Rumpf-Länge 40 cm (aus 60). Original im Naturmuseum Senckenberg. SMF – ME 510.

Messelobunodon

Im Gegensatz zu den Urpferdchen, von denen bisher eine stattliche Anzahl gefunden wurde, sind Paarhufer nur selten belegt. Zwei verschiedene Gattungen sind bekannt geworden.

Messelobunodon schaeferi (Abb. F94) ist ein früher Paarhufer. Die Zahl der Finger- wie der Zehenstrahlen beträgt zwar noch fünf, aber nicht die Zahl der Strahlen kennzeichnet die Paarhufer, sondern welche Strahlen verstärkt sind. Bei *Messelobunodon* sind in Hand und Fuß der 3. und 4. Strahl in gleicher Weise verstärkt wie jene Strahlen, die bei höher entwickelten Paarhufern zum Kanonenbein verschmelzen. Das Rollbein im Fußgelenk stimmt mit seinen zwei Walzengelenken in der Form mit den modernen Paarhufern bereits überein.

Auffallend ist die Länge der Hinterbeine im Vergleich zu den Vorderbeinen. Das darf aber keineswegs als eine Anpassung an eine springende oder hüpfende Fortbewegungsweise gedeutet werden, vielmehr ist dieses Längenverhältnis geradezu typisch für Tiere, die behend durch den dichten Bodenbewuchs schlüpfen können.

Demnach war *Messelobunodon* ein schlanker, leichtfüßiger Waldbodenbewohner (60, 63), der nach dem überlieferten Mageninhalt wühlend am Waldboden Nahrung suchte (205). Gefunden wurden Pilzreste und von Hyphen durchzogenes Fall-Laub.

Neben *Messelobunodon* gibt es noch die Gattung *Masillabune* im Ölschiefer von Messel (272). Die Backenzähne dieser Form sind deutlich anders gebaut und die Zahl der Strahlen in Hand und Fuß stärker reduziert (294).

Nagetiere

Das Schlüsselmerkmal der Nagetiere sind ein Paar vergrößerte Schneidezähne in Ober- und Unterkiefer. Dieses Merkmal ist ausgebildet, sobald die Nagetiere im Fossilienbericht auftreten. In vielen anderen Merkmalen, dem Zahnbau der Backenzähne und vor allem in der Kiefermuskulatur läßt sich eine sehr komplizierte Evolution nachweisen. Die Messeler Nagetiere sind noch recht ursprünglich, aber doch sehr unterschiedlich in der Körperform. Die größere Art, *Ailuravus macrurus* (Abb. F95), hat einen langen, meist leicht eingerollten Schwanz. Frühere Funde haben gezeigt, daß dieser Schwanz dicht behaart war. Das würde eher ein Balance-Organ kennzeichnen, als einen Greifschwanz. Es ist durchaus wahrscheinlich, daß dieser große Nager in der Baumregion herumkletterte, wenn auch der direkte Nachweis vom Skelett her nicht einfach ist (203). Als Nahrung scheint *Ailuravus* ausschließlich Blätter aufgenommen zu haben. Bei den verschiedenen untersuchten Individuen zeigte sich, daß die Tiere durchaus verschiedene Blätter gefressen haben, aber jeder Magen jeweils nur mit einer Blattsorte gefüllt war (207). Daraus kann man am ehesten schließen, daß sich diese Tiere jeweils auf einem anderen Baum sattgefressen haben.

Neben dem großen *Ailuravus* gibt es die wohl eher laufenden Formen *Masillamys beegeri* (Abb. F97) und *krugi* von mittlerer Körpergröße. *Microparamis parvus* ist die kleinste Form mit einer Kopf-Rumpf-Länge von etwa 15 cm. Die Größe unserer Mäuse ist nicht belegt.

F95 *Ailuravus macrurus*. Großes Nagetier mit deutlichen Hautschatten. Kopf-Rumpf-Länge 43 cm, Schwanzlänge 59 cm. HLMD – Me 7596.

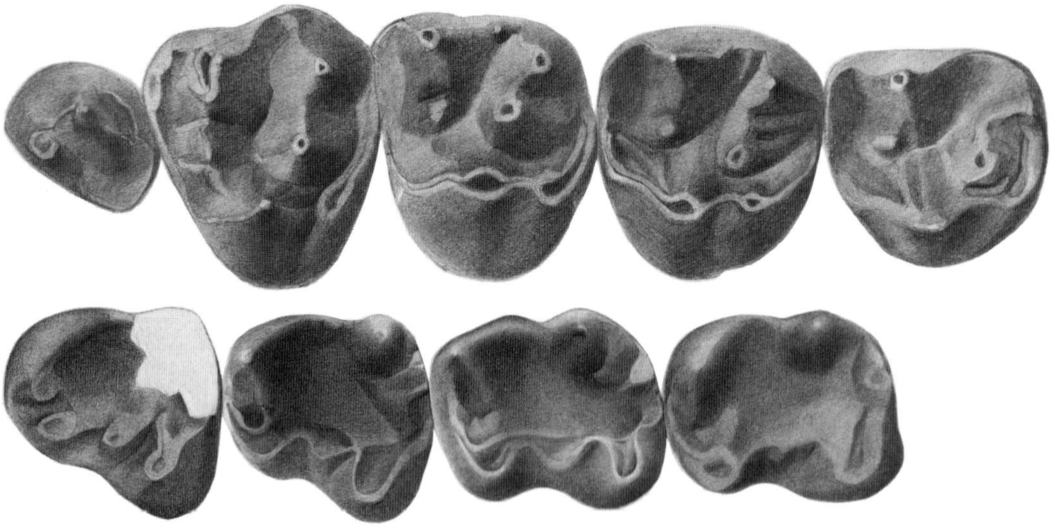

F96 *Ailuravus macrurus*. Obere und untere Zahnreihe des großen Nagetieres (etwa 6 fach) (aus 263). HLMD – Me 2 u. 4.

F97 *Masillamys beegeri*. Mittelgroßes Nagetier, Kopf-Rumpf-Länge 17 cm, Schwanz-Länge 14 cm. HLMD – Me 7441.

Todesursache und Einbettung

Die in der Regel wohlgefüllten Mägen lassen erkennen, daß die in Messel gefundenen Landtiere keineswegs am Ende einer langen Krankheit gestorben sind. Auch Einwirkungen von Raubtieren lassen sich nicht feststellen. Als Todesursache kommen unter Umständen plötzliche Hochwässer in Betracht, bei denen die Tiere ertrunken sind. Obwohl fast alle Säugetiere schwimmen können, bleiben sie leicht in überflutetem Gesträuch hängen und ertrinken. Ein Teil dieser Leichen mag jeweils beim abziehenden Wasser in den Bereich der heutigen Grube Messel gedriftet sein.

Auffallend ist die Körperhaltung der meisten Säugetiere. Sowohl Arme wie Beine liegen parallel und leicht angewinkelt, also völlig entspannt (z. B. Abb. F65, 77, 80, 93, 95 und 97). Das ist die Haltung typischer Wasserleichen, denn Tiere, die auf dem Lande sterben – und zunächst austrocknen – weisen stets eine stark verzerrte Haltung auf, weil Beuge- und Streckmuskeln jeweils anders austrocknen und die Gelenke in die unterschiedlichsten Stellungen bringen.

Die meisten der Tierleichen sind schnell auf den Boden des Sees abgesunken, ehe sie sich durch fortschreitende Fäulnis zerlegt hatten. Allerdings haben bei größeren Tieren die Fäulnisgase die Leibeshöhle oft gesprengt, wodurch häufig die letzten Rippen und die Wirbel der Lendenregion aus dem natürlichen Verband gerissen wurden (z. B. Abb. F80).

Chancen für weitere Funde

Die bisher vorliegenden hervorragenden Belege einer alttertiären Fauna, wie sie der Ölschiefer von Messel geliefert hat, werfen zum Abschluß die Frage auf, was weitere Grabungen denn noch zutage fördern könnten. Sind noch entscheidende neue Tierformen zu erwarten oder werden weitere Grabungen das Bisherige nurmehr vervielfachen? Diese Frage kann am besten von der am intensivsten untersuchten Tiergruppe, den Säugetieren beantwortet werden. Bis jetzt sind etwa 35 Arten belegt, einschließlich der gefundenen, aber noch nicht beschriebenen, neuen Formen. Wir wissen aber aus anderen Fundstellen vergleichbaren Alters, daß etwa 60 bis 70 Säugetierarten zu einer derartigen Fauna gehören (129, 247). Auch wenn nicht mit letzter Gewißheit gesagt werden kann, daß alle Arten, besonders die großen Formen, auch in Messel vorkommen, so werden doch sicherlich viele weitere Arten gefunden werden und das in einer unvergleichlichen Qualität. Die Ergebnisse der wissenschaftlichen Grabungen haben in den letzten Jahren immer wieder Neues erbracht und werden es auch in Zukunft tun. Es gibt zum Beispiel in anderen Fundstellen die Zähne einer Säugetiergruppe (Plagiomenidae), die mit den heutigen Pelzflatterern Süd-Ost-Asiens gewisse Ähnlichkeit haben. Aber die Ähnlichkeit der Zähne sagt nicht aus, ob auch die alttertiären Formen über weite Strecken von Baum zu Baum gleiten konnten. Ein Skelettfund könnte diese Antwort sofort geben, aber ein derartiges Skelett wäre fast nur aus Messel zu erwarten.

Faunenliste aus der Grube Messel
Stand Frühjahr 1987

Wirbellose Tiere	Erwähnungen in der Literatur
Schwämme	
Spongilla gutenbergiana Müller, Zahn & Maidhof 1982	104, 165, 183
Insekten	
Hautflügler	
Formicidae indet.	76
	160
Käfer	
Eubrianax sp.	158
Ancylochira eocaenica Meunier 1921	173
Ancylochira prompta Meunier 1921	173
Ancylochira agilis Meunier 1921	173
Ancylochira minuta Meunier 1921	173
Sphenoptera eocaenica Meunier 1921	173
Sphenoptera metallica Meunier 1921	173
Eurythyrea sp.	173
Perotis messelensis Meunier 1921	173
Lina titana Meunier 1921	173
Trogosita eocaenica Meunier 1921	173
Geotrupes messelensis Meunier 1921	173
Gymnopleurus eocaenicus Meunier 1921	173
Wanzen	
Cydnopsis meuneri Kinzelbach 1970	123
Cydnopsis nana Kinzelbach 1970	123
Lygaeidae gen. et sp. indet.	123
Amhibolus disponsi Kinzelbach 1970	123
Schaben	
Periplaneta eocaenica Meunier 1921	173
Periplaneta relicta Meunier 1921	173
Schmetterlinge	
Schuppen von Nachtfaltern	208
Gangmine	122
Schnecken	
Viviparidae indet.	

Wirbeltiere	
Fische	
Atractosteus strausi (Kinkelin 1884)	4, 5, 6, 293, 294
Amia kehreri Andreae 1893	4, 5, 19, 49, 77, 181, 229
Amphiperca multiformis Weitzel 1933	178, 281
Palaeoperca proxima Micklich 1978	175, 178
Anguilla ignota Micklich 1984	17, 177, 178
Thaumaturus intermedius Weitzel 1933	78, 281
Frösche, Lurche	
Propelodytes wagneri Weitzel 1938	286
Eopelobathes sp.	301, 302
Paleobatrachus sp.	301, 302
Schwanzlurche	
Chelotriton robustus Westphal 1980	290
Schildkröten	
Palaeochelys (Ocadia) messeliana (Staeche 1928)	21, 243
Palaeochelys (Ocadia) kehreri (Staeche 1928)	243
Trionyx messelianus Reinach 1900 mit zwei „Unterarten" *lepsius* Harrassowitz 1922 und *kochi* Hummel 1927	21, 93, 94, 95, 114, 157, 201
Allaeochelys (Anosteira) crassesculptata und *gracilis)* (Harrassowitz 1922)	95
Schlangen	
noch nicht bearbeitet	81
Eidechsen	
cf. *Eolacerta*	210
Saniwa feisti Stritzke 1983	253
Krokodile	
Allognathosuchus haupti (Weitzel 1935)	14, 284
Diplocynodon darwini (und *ebertsi*) (Ludwig 1877)	14, 85
Asiatosuchus germanicus Berg 1966	14
Bergisuchus dietrichbergi Kuhn 1968	14, 22, 148
Pristichampsus rollinati (Gray 1831)	14, 285
Baryphracta deponiae Frey, Laemmert & Rieß 1987	75
Vögel	
Aegalornis szarskii Peters 1985	196
Rhynchaeites messelensis Wittich 1898 (= *Plumumida lutealis* Hoch 1980)	110, 195, 295
Diatryma cf. *steini* Matthew & Granger 1917	13
Palaeotis weigelti Lambrecht 1928	113

Säugetiere

Beutelratten

Peradectes sp.	131
Amphiperatherium sp.	248

Insektenfresser im weiten Sinne

Heterohyus sp.	
Buxolestes piscator Koenigswald 1980	128
Leptictidium auderiense Tobien 1962	140, 250, 266, 287
Leptictidium nasutum Storch & Lister 1985	140, 141, 164, 250
Leptictidium tobieni Koenigswald & Storch 1987	140, 141
Macrocranion tupaiodon Weitzel 1949	162, 163, 266, 287
Macrocranion tenerum (Tobien 1962)	266
Pholidocerucus hassiacus Koenigswald & Storch 1983	139

Fledermäuse

Palaeochiropteryx tupaiodon Revilliod 1917	90, 185, 204, 208, 214, 230
Palaeochiropteryx spiegeli Revilliod 1917	90, 204, 214
Archaeonycteris trigonodon Revilliod 1917	90, 204, 214
Archaeonycteris revilliodi Russell & Siege 1970	90, 214
Hassianycteris magna Smith & Storch 1981	90, 208
Hassianycteris messelensis Smith & Storch 1981	90

Halbaffen

Adapidae gen. et sp. indet.	127, 135, 155
Europolemur koenigswaldi Franzen 1987	62, 67

Nagetiere

Ailuravus macrurus Weitzel 1949	203, 263, 287, 299
Masillamys beegeri Tobien 1954	96, 263
Masillamys krugi Tobien 1954	96, 263
Microparamys parvus (Tobien 1954)	263

Schuppentiere

Eomanis waldi Storch 1978	137, 244, 245

Nebengelenktiere

Eurotamandua joresi Storch 1981	246, 247, 248

Urraubtiere

Proviverra edingeri Springhorn 1982	238

Raubtiere

Paroodectes feisti Springhorn 1980	237
? *Miacis kesseleri* Springhorn 1982	238, 239

Urhuftiere

Kopidodon macrognathus (Wittich 1902)	134, 270, 282, 283, 296

Unpaarhufer

Propalaeotherium hassiacum (Haupt 1925)	59, 70, 71, 101, 216
Propalaeotherium parvulum (Laurillard 1849) (= *Propalaeotherium messelense* Haupt 1925)	71, 101, 158, 216, 257
Hyrachyus minimus (Fischer 1929)	61, 254, 255

Paarhufer

Messelobunodon schaeferi Franzen 1980	60, 63, 205
Masillabune martini Tobien 1980	272, 273

Faunenliste der Grube Prinz v. Hessen

Fische

Amia kehreri Andreae 1893	100
Atractosteus strausi (Kinkelin 1884)	100

Schildkröten

Trionyx messelianus Reinach 1900	100

Krokodile

Diplocynodon darwini (Ludwig 1877)	100

Säugetiere

Propalaeotherium parvulum (Laurillard 1849)	100

F98 Diskussion um einen Fund im Ölschiefer.

G

Wissenschaftliche Literatur zur Messel-Formation

H. G. Lippmann und W. v. Koenigswald

Historisches

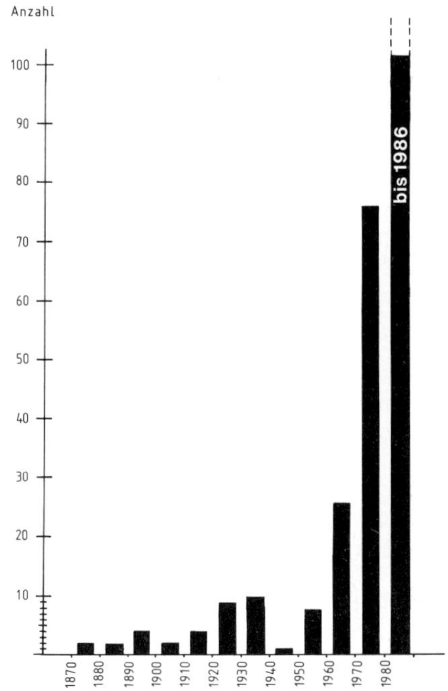

G1 Der sprunghafte Anstieg der Arbeiten über den Ölschiefer und seine Fossilien während der letzten beiden Jahrzehnte zeigt die intensivierte Forschungsarbeit. Ausgezählt wurden 245 Arbeiten, die in den Jahren von 1876 bis 1986 erschienen sind.

Auch wenn die Fossilienlagerstätte Messel erst im letzten Jahrzehnt in das Bewußtsein der breiten Öffentlichkeit getreten ist, so ist sie den Paläontologen seit etwas mehr als 100 Jahren bekannt. Allerdings wurde der ungewöhnliche Reichtum an bedeutenden Fossilien erst in den letzten Jahren deutlich.

Von dem ersten Fossilfund aus Messel, nämlich von „Kopf und Panzertheilen eines Crocodil's" berichtet LUDWIG (156) im Jahre 1876. Im folgenden Jahr kann er sogar eine Monographie über die Krokodile des Mainzer Beckens vorlegen (157), in der die inzwischen vermehrten Funde aus Messel im Mittelpunkt stehen.

Man sollte nun annehmen, daß diese Fundstelle mit so ausgezeichneten Fossilresten weiter untersucht und bald auch die Begleitfauna bekannt wurde. Aber dies geschieht nur äußerst zögernd, was mehrere Gründe hat. Zum einen ist das Fossilmaterial wenig ansehnlich und läßt sich nur schlecht konservieren. Zum anderen hat sich bald gezeigt, daß Schwefeleisen, das in vielen Knochen eingelagert ist, zum Ausblühen neigt und die Knochen dadurch zersprengt. Hinzu kommt, daß der Ölschiefer beim Austrocknen schrumpft, aufblättert und so die Fossilien zerreißen. Weiterhin wurde für die Ablagerungen von Messel zunächst ein wesentlich jüngeres Alter angenommen, das den Ablagerungen aus dem Mainzer Becken entsprach. Von dort konnte man „besseres" Fossilmaterial erhalten.

Nur zögernd werden Fischreste beschrieben, und in einer ersten kleinen Monographie über Messel legt WITTICH 1898 eine erste Übersicht der noch spärlichen Fauna vor (295). 1900 werden Schildkröten (201), 1902 wird der erste Säugetierfund (296) beschrieben.

1911 kann HAUPT (99) aufgrund der Evolutionshöhe der Pferdereste und eines Nagetieres die Altersstellung von Messel neu fassen.

Er ordnet den Ölschiefer richtig dem mittleren Eozän zu. Die Zeit des ersten Weltkrieges, die Armut zwischen den Kriegen und schließlich der zweite Weltkrieg schränken die Arbeit an dieser Fundstelle erheblich ein. Zwar erscheinen – wie die Häufigkeit der Publikationen in den einzelnen Jahrzehnten zeigt (Abb. G1) – pro Jahr 5 bis 10 Arbeiten, darunter auch kleinere Monographien, wie etwa die über Fledermäuse (204), über Pferde (101), und auch über die Blattflora (44). Trotzdem bleibt Messel eine wenig beachtete Fundstelle.

Nach dem zweiten Weltkrieg trägt TOBIEN (264) erstmals wieder alles Bekannte zusammen und präzisiert die stratigraphische Einstufung (267), beschreibt selbst mehrere neue Formen und regt weitere Arbeiten an (13, 14, 104, 149).

Wegen des zurückgehenden Bergbaus wurden in den Jahren 1966 und 1967 die ersten wissenschaftlichen Grabungen vom Hessischen Landesmuseum in Darmstadt unternommen (149), die zwar zur Fossillagerung Ergebnisse erbrachten, aber das bis dahin belegte Artenspektrum nicht erweiterten. Es wurde deshalb die Meinung geäußert, daß der Ölschiefer von Messel zwar eine gute Fossilerhaltung böte, aber der Fossilinhalt weitgehend bekannt sei.

Dieses Bild änderte sich entschieden, als nach Offenlassung der Grube Privatsammler in den Jahren 1971–1974 erfolgreich begannen, Fossilien zu bergen und nach der Transfer-Methode präparierten. Die Aufsammlungen erbrachten soviel Unbekanntes, daß offensichtlich wurde, daß der Reichtum der Fauna von Messel noch bei weitem nicht abzusehen war.

Mit den Ergebnissen der wissenschaftlichen Grabungen, die seit 1975 regelmäßig durchgeführt wurden (siehe Kap. B), aber auch unter Einbeziehung der Funde der Privatsammler, setzt in der zweiten Hälfte der 70er Jahre ein rapider Anstieg der wissenschaftlichen Publikationen über Messel ein, die ein um Vieles differenzierteres Bild der Messel-Formation zu zeichnen beginnen.

Je tiefer man in das Verständnis dieser Fundstelle vordringt, um so deutlicher werden aber auch die Kenntnislücken. Bei einer der bislang am besten untersuchten Tiergruppen, den Säugetieren, kann man mit etwa 60 Arten rechnen (129). Da bislang erst etwa 35 Arten bekannt geworden sind, kann man ermessen, was noch an Neuem zu erwarten ist.

Diese nur wenig veränderten biochemischen Bausteine fossiler Pflanzen und Tiere eröffnen Einblicke in Gruppen, z. B. Bakterien, die sonst kaum im Fossilbericht faßbar sind.

Während der ersten hundert Jahre der Messelforschung standen die meisten Autoren in unmittelbarer Beziehung zum Raum Darmstadt – Frankfurt. Durch diese Beschreibung der Funde aus den neuen Grabungen wurde auch das Interesse der ausländischen Wissenschaftler geweckt, die sich zunehmend an der Bearbeitung beteiligten. Damit wird deutlich, daß Messel im weltweiten Rahmen eine der wichtigsten Fundstellen für fossile Wirbeltiere des Tertiärs ist.

Die folgende Zusammenstellung fußt auf früheren (169, 269, 129, 136) und aktualisiert diese. Neben den technischen Arbeiten, die sich mit den speziellen Problemen der Grabung und der Präparation der Fossilien aus dem Ölschiefer befassen, wird hier nur die Literatur berücksichtigt, die eigene Forschungsergebnisse der Autoren vorlegen; lediglich als Übersichten sind auch andere Arbeiten aufgenommen worden. Diese Literaturübersicht dokumentiert die Forschungsgeschichte und den Forschungsfortschritt, soll aber auch das Auffinden der bisher erschienenen Speziailliteratur erleichtern. Deswegen wird außer der alphabetischen Auflistung auch eine thematische Zuordnung gegeben.

Literaturverzeichnis

1 ALBRECHT, P. (1970):
Etude de constituants organiques des séries sédimentaires de Logbaba et de Messel. Transformations diagénétiques. – Mém. Serv. Carte géol. Als. Lorr., 32, 119 S.; Straßburg

2 ALBRECHT, P. & OURISSON, G. (1969):
Triterpene alcohol isolation from oil shale. – Science, 163: 1192–1193; Washington (D. C.)

3 ALBRECHT, P. & OURISSON, G. (1971):
Biogene Substanzen in Sedimenten und Fossilien. – Angew. Chem., 83: 221–260; Weinheim

4 ANDREAE, A. (1893):
Vorläufige Mitteilung über die Ganoiden (*Lepidosteus* und *Amia*) des Mainzer Beckens. – Ver. naturhist. – med. Ver. N. F., 5: 7–15; Heidelberg

5 ANDREAE, A. (1894):
Beiträge zur Kenntnis der fossilen Fische des Mainzer Beckens. – Abh. senckenberg. naturforsch. Ges., 18: 351–364; Frankfurt/M.

7 ARPINO, P. (1973):
Les lipides de sédiments lacustres eocènes.- Mem. Sci. Géol., 39, 107 S.; Straßburg

8 ARPINO, P., ALBRECHT, P. & OURISSON, G. (1972):
Studies on the organic constituents of lacustrine Eocene sediments. Possible mechanisms for the formation.-Adv. in Org. Geochem. 1971: 173–187; Oxford (Pergamon)

9 BACKHAUS, E. & RAHNAMA-RAD, J. (1985):
Zustandsbeschreibung und Verwitterbarkeit des eozänen Messeler Ölschiefers. – In: HEITFELD, K.-H. (Herausg.): Ingenieurgeologische Probleme im Grenzbereich zwischen Locker- und Festgesteinen: 97–110; Berlin (Springer)

10 BEEGER, G. (1970):
Chronik der Grube Messel. – 192 S.; München (Ytong)

11 BEHNKE, C., EIKAMP, H. & ZOLLWEG, M. (1986):
Die Grube Messel. – 168 S.; Korb (Goldschneck Verlag Weidert)

12 BERG, D. E.(1964):
Krokodile als Klimazeugen. – Geol. Rdsch., 54: 328–333; Stuttgart

13 BERG, D. E. (1965):
Nachweis des Riesenlaufvogels *Diatryma* im Eozän von Messel bei Darmstadt/Hessen. – Notizbl. hess. L.-Amt Bodenforsch., 93: 68–72; Wiesbaden

14 BERG, D. E. (1966):
Die Krokodile, insbesondere *Asiatosuchus* und aff. *Sebecus ?*, aus dem Eozän von Messel bei Darmstadt/Hessen. – Abh. hess. L.-Amt Bodenforsch., 52: 105 S.; Wiesbaden

15 BERG, M. L. J. van den, MULDER, G. J., LEEUW, J. W. de & SCHENCK, P. A. (1977):
Investigations into the structure of kerogen – I. Low temperature ozonolysis of Messel shale kerogen. – Geochim. Cosmochim. Acta, 41: 903–908; Oxford

16 BERGGREN, W. A., KENT, D. V., FLYNN, J. J. & COUVERING, J. A. v. (1985):
Cenozoic geochronology. – Geol. Soc. Amer., 96: 1407–1418; Boulder (Co)

17 BETTAG, E. (1977):
Eine neue Fischart aus dem Eozän von Messel. – Pfälzer Heimat, 1977 (3): 112–113; Kaiserslautern

18 BOON, J. J., & KISTEMAKER, P. G. (1979):
Pyrolysis mass spectrometry: From fingerprint to chemical analysis. – In WALLER, G.-R.: Biochemical Applications of Mass Spectrometry (Wiley-Interscience): 1–78; New York

19 BORESKE, J. R. (1974):
A review of North American fossil amiid fishes. – Bull. Mus. Comper. Zoology, 146, 1, 87 S.; Cambridge (Mass)

20 BORNHARDT, F. (1975):
Neue Fossilfunde aus der Grube Messel und ihre Präparation. – Aufschluß, 26/12: 453–473; Heidelberg

21 BROIN, F. d. (1977):
Contribution à l'étude des Chéloniens. Chéloniens continentaux du Crétacé supérieur et du Tertiaire de France. – Mém. Mus. Hist. Natur., NS, C38, 366 S.; Paris

22 BUFFETAUT, E. (1980):
Histoire biogéographique des Sebecosuchia (Crocodylia Mesosuchia): Un essai d'interpretation. – Ann. Paléont. (vertebrés), 66: 1–8; Paris

23 CHAPPE, B. (1982):
Fossiles moléculaires d'Archaebactéries. – Thèse de Doctorat-ès-Sciences Université Louis Pasteur; Strasbourg

24 CHAPPE, B., ALBRECHT, P. & MICHAELIS, W. (1982):
Polar lipids of Archaebacteria in sediments and petroleums. – Science, 217: 65–66; Washington (D. C.)

25 CHAPPE, B., MICHAELIS, W. & ALBRECHT, P. (1980):
Molecular fossils of Archaebacteria as selective degradation products of kerogen. – In: A. G. DOUGLAS & J. R. MAXWELL, Eds.: Adv. in Org. Geochem. 1979: 265–274; Oxford (Pergamon)

26 CHAPPE, B., MICHAELIS, W., ALBRECHT, P. & OURISSON, G. (1979):
Fossil evidence for a novel series of archaebacterial lipids. – Naturwissenschaften, 66: 522–523; Berlin

27 CHELIUS, C. (1886):
Erläuterungen zur Geologischen Karte des Grossherzogthums Hessen im Maßstabe 1 : 25.000, Blatt Messel-1. Auflage: 67 S.; Darmstadt

28 COLLINSON, M. E. (1982):
A preliminary report on the Senckenberg-Museum Collection of fruits and seeds from Messel bei Darmstadt. – Cour. Forsch.-Inst. Senckenberg, 56: 49–57; Frankfurt/M.

29 COLLINSON, M. E. (1986):
Früchte und Samen aus dem Messeler Ölschiefer. – Cour. Forsch.-Inst. Senckenberg, 85: 217–220; Frankfurt/M.

30 CORBET, B., ALBRECHT, P. & OURISSON, G. (1980):
Photochemical or photomimetic fossil triterpenoids in sediments and petroleum. – J. Am. Chem. Soc., 102: 1171–1173; Easton

31 CORNELIUS, C.-D. (1978):
Muttergesteinfazies als Parameter der Erdölbildung. – Erdoel-Erdgas-Z., 94: 90–94; Hamburg/Wien

32 CROCHET, J. Y. & SIGE, B. (1983):
Les Mammifères montiens de Hainin (Paléocène moyen de Belgique) Part III: Marsupiaux. – Paleovertebrata, 13: 51–64; Montpellier

33 DASTILLUNG, M., ALBRECHT, P. & OURISSON, G. (1980):
Aliphatic and polycyclic alcohols in sediments: Hydroxylated derivatives of hopane and of 3-methylhopane. – J. Chem. Res. (S), 1980: 168–169; London

34 DASTILLUNG, M., ALBRECHT, P. & OURISSON, G. (1980):
Aliphatic and polycyclic ketones in sediments C 27–C 35 ketones and aldehydes of the hopanes series. – J. Chem. Res. (S), 1980: 166–167; London

35 DEGENS, E. T. & ITTEKKOT, V. (1982):
In situ metal-staining of biological membranes in sediments. – Nature, 298: 262–264; London

36 DIETRICH, R. (1972):
Nicht alles, was glänzt in Messel, ist Messelit! – Aufschluß, 23: 131; Heidelberg

37 DIETRICH, R. (1978):
Das Messelitproblem: Messelit und Anapait aus dem Ölschiefervorkommen bei Messel. – Aufschluß, 29: 229–233; Heidelberg

38 DORSSELAER, A. van (1974):
Triterpènes de sédiments. – Thèse de Doctorat de 3e cycle, Université Louis Pasteur; Strasbourg

39 DORSSELAER, A. van (1975):
Triterpènes de sédiments. – Thèse de Doctorat d'Etat, Université Louis Pasteur; Strasbourg

40 DORSSELAER, A. van & ALBRECHT, P. (1976):
Marqueurs biologiques: origine, évolution et applications. – Bull. Centre Rech. Pau-SNPA, 10: 193–200; Pau

41 DORSSELAER, A. van, ALBRECHT, P. & OURISSON, G. (1977):
Identification of novel (17 H)-hopanes in shales, coals, lignits, sediments and petroleum. – Bull. Soc. Chim. France, 1–2: 165–170; Paris

42 DORSSELAER, A. van, ENSMINGER, A., SPYCKERELLE, E., DASTILLUNG, M., SIESKIND, O., ARPINO, P., ALBRECHT, P., OURISSON, G., BROOKS, P. W., GASKELL, S. J., KIMBLE, B. J., PHILP, R. P., MAXWELL, J. R. & EGLINGTON, G. (1974):
Degraded and extended hopane derivatives (C27 to C35) as ubiquitous geochemical markers. – Tetrahedron Letters, 14: 1349–1352; Oxford (Pergamon)

43 DÖRTELMANN, E. (1950):
Gliederungsversuch des Messeler Ölschiefers an Hand gewisser durch ihr Aussehen auffallender Leithorizonte. – Unveröff. Meldearbeit a. d. Bergakademie Clausthal: 32 S.; Darmstadt

44 ENGELHARDT, H. (1922):
Die alttertiäre Flora von Messel bei Darmstadt. – Abh. hess. geol. L.-Anst., 7, 4: 21–128; Darmstadt

45 ENSMINGER, A. (1974):
Triterpénoides du schiste de Messel. – Thèse de Doctorat de 3e cycle, Université Louis Pasteur; Strasbourg

46 ENSMINGER, A. (1977):
Evolution de composés polycycliques sédimentaires. – Thèse de Doctorat d'Etat, Université Louis Pasteur; Strasbourg

47 ENSMINGER, A., ALBRECHT, P., OURISSON, G., KIMBLE, B. J., MAXWELL, J. R. & EGLINTON, G. (1972):
Homohopane in Messel oil shale: First identification of a C31 petacyclic triterpene in nature. Bacterial origin of some triterpenes in ancient sediments? – Tetrahedron Letters, 36: 3861–3864; Oxford (Pergamon)

48 ENSMINGER, A., DORSSELAER, A. van, SPYCKERELLE, C., ALBRECHT, P. & OURISSON, G. (1974):
Pentacyclis triterpenes of the hopane type as ubiquitous geochemical markers: origin and significance. – Adv. in Org. Geochem. 1973: 245–260; Paris (Technip)

49 ESTES, R. & BERBERIAN, P. (1969):
Amia (= Kindleia) fragosa JORDAN, a cretaceous amiid fish with notes on related european forms. – Breviora, Mus. Comper. Zool., 329, 14 S.; Cambridge, Mass.

50 FEIST, O. (1979):
Bergung und Präparation von Fossilien des Messeler Ölschiefers. – In: SPRINGHORN, R. (Her.): Leben vor 50 Mio. Jahren, Fossilien der Grube Messel – Sammlung Feist. 7–10; Detmold (Kat. Lipp. Land. Mus.)

51 FISCHER, K. (1962):
Der Riesenlaufvogel *Diatryma* aus der eozänen Braunkohle des Geiseltales. – Hall. Jb. f. Mitteldt. Erdg., 4: 26–33; Berlin

52 FRANZEN, J. L. (1975):
Messel: Leben aus längst vergangenen Zeiten. – Natur u. Museum, 105: 137–146; Frankfurt/M.

53 FRANZEN, J. L. (1976):
Die Fossilfundstelle Messel. – Naturwissenschaften, 63: 418–425; Berlin

54 FRANZEN, J. L. (1976):
Senckenbergs Grabungskampagne 1975 in Messel: Erste Ergebnisse und Ausblick. – Natur u. Museum, 106: 217–223; Frankfurt/M.

55 FRANZEN, J. L. (1977):
Die Entstehung der Fossillagerstätte Messel. – Ber. naturforsch. Ges. Freiburg i. B., 67: 53–58; Freiburg i. B.

56 FRANZEN, J. L. (1977):
Urpferdchen und Krokodile. Messel vor 50 Millionen Jahren. – Kl. Senckenberg-R., 7: 1–47 (3. Auflage 1982); Frankfurt/M.

57 FRANZEN, J. L. (1978):
Senckenberg-Grabungen in der Grube Messel bei Darmstadt, 1. Probleme, Methoden, Ergebnisse 1976–1977. – Cour. Forsch.-Inst. Senckenberg, 27, 135 S.; Frankfurt/M.

58 FRANZEN, J. L. (1979):
Senckenberg-Grabungen in der Grube Messel bei Darmstadt, 2. Ergebnisse 1978. – Cour. Forsch.-Inst. Senckenberg, 36, 144 S.; Frankfurt/M.

59 FRANZEN, J. L. (1980):
Das Skelett eines juvenilen *Propalaeotherium isselanum* (Mammalia, Equidae) aus dem mitteleozänen Ölschiefer der Grube Messel bei Darmstadt. – Dortmunder Beitr. Landesk., 14: 85–102; Dortmund

60 FRANZEN, J. L. (1981):
Das erste Skelett eines Dichobuniden (Mamm., Artiodactyla), geborgen aus mitteleozänen Ölschiefern der „Grube Messel" bei Darmstadt (Deutschland, S-Hessen). – Senckenbergiana lethaea, 61: 299–353; Frankfurt/M.

61 FRANZEN, J. L. (1981):
Hyrachyanus minimus (Mammalia, Perissodactyla, Helatidae) aus den mitteleozänen Ölschiefern der „Grube Messel" bei Darmstadt (Deutschland, S-Hessen). – Senckenbergiana lethaea, 61: 371–376; Frankfurt/M.

62 FRANZEN, J. L. (1983):
Ein neuer Primate aus dem Eozän von Messel. – Paläont. Ges. 53. Jahresvers. Programm und Kurzfassung der Vorträge: S. 31; Mainz

63 FRANZEN, J. L. (1983):
Ein zweites Skelett von *Messelobunodon* (Mammalia, Artiodactyla, Dichobunidae) aus der „Grube Messel" bei Darmstadt (Deutschland, S-Hessen). – Senckenbergiana lethaea, 64: 403–445; Frankfurt/M.

64 FRANZEN, J. L. (1983):
Senckenberg-Grabungen 1982 in der Grube Messel. Natur u. Museum, 113: 148–151; Frankfurt/M.

65 FRANZEN, J. L. (1984):
Die Stammesgeschichte der Pferde in ihrer wissenschaftshistorischen Entwicklung. – Natur u. Museum, 114: 149–162; Frankfurt/M.

66 FRANZEN, J. L. (1985):
Exceptional preservation of Eocene vertebrates in the lake deposit of Grube Messel (West Germany). – Phil. Trans. R. Soc. Lond., B 311: 181–186; London

67 FRANZEN, J. L. (1987):
Ein neuer Primate aus dem Mitteleozän der Grube Messel (Deutschland, S-Hessen). – Cour. Forsch. Inst. Senckenberg 91: 151–187; Frankfurt a. M.

68 FRANZEN, J. L. & HAUBOLD, H. (1985):
The european Middle Eocene of mammalian stratigraphy. – TERRA cognita, 5: 134; Strasbourg

69 FRANZEN, J. L. & HAUBOLD, H. (1986):
Ein neuer Condylarthre und ein Tillodontier (Mammalia) aus dem Mitteleozän des Geiseltals. – Palaeovertebrata, 16 (1): 35–53; Montpellier

70 FRANZEN, J. L. & HAUBOLD, H. (1986):
Revision der Equoidae aus den eozänen Braunkohlen des Geiseltals bei Halle (DDR). – Palaeovertebrata, 16(1): 1–34; Montpellier

71 FRANZEN, J. L. & HAUBOLD, H. (1986):
The Middle Eocene of European mammalian stratigraphy. Definition of the Geiseltalian. – Modern Geology, 1986, 10: 159–170

72 FRANZEN, J. L. & KRUMBIEGEL, G. (1980):
Messelobunodon ceciliensis n. sp. (Mammalia, Artiodactyla) – ein neuer Dichobunide aus der mitteleozänen Fauna des Geiseltales bei Halle (DDR). – Z. geol. Wiss., 8: 1553–1560; Berlin

73 FRANZEN, J. L., WEBER, J. & WUTTKE, M. (1982):
Senckenberg-Grabungen in der Grube Messel bei Darmstadt. 3. Ergebnisse 1979–1981. – Cour. Forsch.-Inst. Senckenberg, 54: 1–118; Frankfurt

74 FREUDENBERG, D. (1977):
Mineralien aus dem Ölschiefervorkommen der Grube Messel bei Darmstadt. – Aufschluß, 28: 359–360; Heidelberg

75 FREY, E., LAEMMERT, A. & RIESS, J. (1987):
Baryphracta deponiae n. gen. n. sp. (Reptilia, Crocodilia), ein neues Krokodil aus der Grube Messel bei Darmstadt (Hessen, Bundesrepublik Deutschland). – N. Jb. Geol. Paläont. Mh.; 1987: 15–26; Stuttgart

76 GAHL, H. & MASCHWITZ, U. (1977):
Eine Ameise aus dem Mitteleozän von Messel bei Darmstadt (Hessen). – Geol. Jb. Hessen, 105: 69–73; Wiesbaden

77 GAUDANT, J. (1980):
Sur *Amia kehreri* (Poisson Amiidae du Lutétien de Messel, Allemagne) et sa signification paléogéographique. – C. R. Acad. Sc., 290 D: 1107–1110; Paris

78 GAUDANT, J. (1981):
Sur *Thaumaturus* Reuss (Poisson téléostéen). Ostéoglossomorphe fossile du Cénozoique européen. – C. R. Acad. Sc., Serir II: 787–790; Paris

79 GOTH, K. (1986):
Mikrofazielle Untersuchungen am Messeler Ölschiefer. – Cour. Forsch.-Inst. Senckenberg, 85: 209–211; Frankfurt/M.

80 GRANER, D. (im Druck):
Die Fossiliengrabungen im Ölschiefer der Grube Messel (Messel-Formation, Mitteleozän) bei Darmstadt. – Jber. Mittel. oberrhein. Geol. Ver. N. F. 68,; Stuttgart

81 GREENE, H. W. (1983):
Dietary correlates of the origin and radiation of snakes. – Amer. Zool. 23: 431–441; New York

82 GREINER, A. (1976):
Synthèse d'hydrocarbures aromatiques fossiles. – Thèse de Doctorat d'Etat, Université Louis Pasteur; Strasbourg

83 GREINER, A., SPYCKERELLE, C. & ALBRECHT, P. (1976):
Aromatic hydrocarbons from geological sources – I. New naturally occuring phenanthrene and chrysene derivatives. – Tetrahedron, 32: 257–260; Oxford (Pergamon)

84 GREINER, A., SPYCKERELLE, C., ALBRECHT, P. & OURISSON, G. (1977): Aromatic hydrocarbons from geological sources – Part V. Mono- and di- aromatic hopane derivatives. – J. Chem. Res. (S), 1977: 334; London

85 GROESSENS-VAN DYCK, M. C. (1978): Etude des tortues et des alligatores de l'Eocène moyen de Messel conservés au musée de la ville de Dortmund. – Dortmunder Beitr. Landesk. Naturw. Mitt., 12: 79–95; Dortmund

86 HABERMEHL, G. & HUNDRIESER, H.-J. (1983): 50 Millionen Jahre altes Coniferen-Lignin aus Messel. – Naturwissenschaften, 70: 249–250; Heidelberg, New York

87 HABERMEHL, G. & HUNDRIESER, H.-J. (1983): Fossile Relikte der „Wasserblüte" im Messeler Ölschiefer. – Naturwissenschaften, 70: 566–568; Heidelberg, New York

88 HABERMEHL, G. & SPRINGER, G. (1982): Porphyrine im Messeler Ölschiefer. – Naturwissenschaften, 69: 543–544; Berlin

89 HABERMEHL, G. & SPRINGER, G. (1983): Langkettige Diole im Messeler Ölschiefer. – Naturwissenschaften, 70: 197; Berlin

90 HABERSETZER, J. & STORCH, G. (1987): Klassifikation und funktionelle Flügelmorphologie paläogener Fledermäuse (Mammalia, Chiroptera). – Cour. Forsch. Inst. Senckenberg, 91: 117–150; Frankfurt/M.

91 HAGEDORN-GÖTZ, I. (1983): Organisch-geochemische und organisch-petrographische Untersuchungen an Bohrproben des Messeler Ölschiefers. – Diplomarbeit; Universität Aachen

92 HALSTEAD, B. (1985): The treasures of Messel: An open letter to the Prime Minister of Hesse State, Germany. – Modern Geology, 9: 241–243; London

93 HARRASSOWITZ, H. L. F. (1919): Eocäne Schildkröten von Messel bei Darmstadt. – Cbl. Mineral. etc., 9/10: 147–154; Stuttgart

94 HARRASSOWITZ, H. L. F. (1922): Die Schildkrötengattung *Anosteira* von Messel bei Darmstadt und ihre stammesgeschichtliche Bedeutung. – Abh. hess. geol. L.-Anst., 6,3: 133–238; Darmstadt

95 HARRASSOWITZ, H. L. F. (1922): Die Schildkrötengattung *Anosteira* von Messel bei Darmstadt und die Abstammung der Trionychiden. (Vortrag und Diskussion) – Paläont. Z., 4: 93–98; Berlin

96 HARTENBERGER, J. L. (1968): Les Pseudosciuridae (Rodentia) de l'Eocène moyen et de genre *Masillamys* TOBIEN. – C. R. Acad. Sc. 267 D: 1870–1920; Paris

97 HARTENBERGER, J. L. (1971): Contribution à l'étude des genres *Gliravus* et *Microparamys* (Rodentia) de l'Eocène d'Europe. – Palaeovertebrata 4(4): 97–135; Montpellier

98 HAUBOLD, H. (1982): Zur Stellung der Wirbeltierfauna des Geiseltales, insbesondere der Mammalia, im europäischen Mitteleozän. – Z. geol. Wiss., 10: 1539–1551; Berlin

99 HAUPT, O. (1911): *Propalaeotherium* cf. *rollinati* STEHLIN aus der Braunkohle von Messel bei Darmstadt – Notizbl. Ver. Erdk. (4) 32: 59–70; Darmstadt

100 HAUPT, O. (1921): Die eozänen Süßwasserablagerungen (Messeler Braunkohlenformation) in der Umgegend von Darmstadt und ihr paläontologischer Inhalt. – Z. deutsch. geol. Ges., 73: 175–178; Berlin

101 HAUPT, O. (1925): Die Palaeohippiden der eozänen Süßwasserablagerungen von Messel bei Darmstadt. – Abh. hess. geol. L.-Anst., 6, 4, 159 S.; Darmstadt

102 HAUPT, O. (1925): Was uns die Messeler Urpferdchen erzählen. – 2 S.; Augsburg (Reichel)

103 HAUPT, O. (1928): Das Mitteleozän (em.) Messeler Ölschiefer und Braunkohlen. – Erl. zu Bl. Roßdorf der geol. Spez.-Karte v. Hessen 1 : 25000 3. Aufl.: 75–80; Darmstadt

104 HEIL, R. (1964): Kieselschwamm-Nadeln im Ölschiefer der Grube Messel bei Darmstadt. – Notizbl. hess. L.-Amt Bodenforsch., 92: 60–67; Wiesbaden

105 HEIL, R. (1979): Die Messeler Schichten. – In: HEIL et al.: Fossilien der Messeler Schichten, 7–18; Darmstadt (Hess. Landesmus.)

106 HEIL, R. & KOENIGSWALD, W. v. (1979): Funde aus den Messeler Schichten. – In: HEIL et al.: Fossilien der Messeler Schichten, 39–88; Darmstadt (Hess. Landesmus.)

107 HEIL, R., KOENIGSWALD, W. v. & LIPPMANN, H. G. (1979): Fossilien der Messeler Schichten. – 88 S.; Darmstadt (Hess. Landesmus.)

108 HILLMER, G. (1985): Fossilfundstelle Messel. – Naturmagazin draußen, 38: 60–71; Hamburg

109 HILLMER, G., LEHMANN, U., LIERL, H.-J. & WEITSCHAT, W. (1980): Fossile Schätze unter Müll? Messel – Leben vor 50 Millionen Jahre. – 46 S.; Hamburg (Geol.-Paläont. Inst.)

110 HOCH, E. (1980): A new Middle Eocene shorebird (Aves: Charadriiformes, Charadrii) with columboid features. – Contr. Sci. Natur. Hist. Mus. Los Angeles County, 330: 33–49; Los Angeles

111 HOERING, T. C. (1982): Thermal reactions of kerogen with added water, heavy water, and pure organic substances. – Carnegie Institution of Washington Year Book 81, Ann. Rep. Geophys. Lab., 1880: 397–402; Washington (D.C.)

112 HOOKER, J. J. (1986): Mammals from the Bartonian (middle/late Eocene) of the Hampshire Basis. – Bull. British Mus. nat. Hist. (Geol.), 39/4: 191–478; London

113 HOUDE, P. (1986):
Northern hemisphere origin of ostriches: an alternate hypothesis of ratite origins. – Nature, 324: 563–565; London

114 HUMMEL, K. (1927):
Die Schildkrötengattung *Trionyx* im Eozän von Messel bei Darmstadt und im aquitanischen Blättersandstein von Münzenberg in der Wetterau. – Abh. hess. geol. L.-Anst., 8, 2, 96 S.; Darmstadt

115 IMMEL, W. (1960):
Eintausch von Na-Ionen in Ca-Ba-Bentonite, Deutung der viskosen Eigenschaften von Bentonesuspensionen, Montmorillonit im Messeler Ölschiefer. – Diss. TH, 102 S.; Darmstadt

116 IRION, G. (1977):
Der eozäne See von Messel. – Natur u. Museum, 107: 213–218; Frankfurt/M.

117 JANKOWSKI, B. & LITTKE, R. (1986):
Das organische Material der Ölschiefer von Messel. – Geowissensch. in unserer Zeit, 4/3: 73–80; Weinheim

118 KAMINSKY, W., LOHSE, H., SINN, H. & VYMER, J. (1983):
Fluidized bed pyrolysis of oil sand and oil shale. – Ger. Chem. Eng., 6: 306–311; Weinheim

119 KAMINSKY, W., LOHSE, H., SINN, H. & VYMER, J. (1983):
Pyrolyse von Ölsand und Ölschiefer in der Wirbelschicht. – Chem.-Ing.-Tech., 55: 56–57; Weinheim

120 KIMBLE, B. J. (1972):
The geochemistry of triterpenoid hydrocarbons. – Ph. D. Thesis, University of Bristol; Bristol

121 KIMBLE, B. J., MAXWELL , J. R., PHILP, R. P.,EGLINGTON, G., ALBRECHT, P., ENSMINGER, A., ARPINO, P. & OURISSON, G. (1974):
Tri- and tetraterpenoid hydrocarbons in the Messel oil shale. – Geochim. Cosmochem. Acta, 38: 1165–1181; Oxford

122 KINZELBACH, R. (1970):
Eine Gangmine aus dem eozänen Ölschiefer von Messel (Insecta: ? Lepidoptera). – Paläont. Z., 44: 93–96; Stuttgart

123 KINZELBACH, R. (1970):
Wanzen aus dem eozänen Ölschiefer von Messel (Insecta: Heteroptera). – Notizbl. hess. L.-Amt Bodenforsch., 98: 9–18; Wiesbaden

124 KIOUSSIS, D. (1961):
Zusammensetzung und Eigenschaften des Messeler Ölschiefers unter bes. Berücksichtigung der Möglichkeit einer Gewinnung wachsartiger Stoffe durch Druckextraktion. – Unveröffentlichte Dissertation: 101 S.; Karlsruhe

125 KLEMM, G. (1910):
Erläuterungen zur Geologischen Karte des Großherzogtums Hessen im Maßstab 1 : 25.000, Blatt Messel – 2. Auflage: 46 S.; Darmstadt

126 KOENIGSWALD, W. v. (1979):
Die Erforschung der Fossilien der Messeler Schichten. – In: HEIL et al.: Fossilien der Messeler Schichten, 27–38; Darmstadt (Hess. Landesmus.)

127 KOENIGSWALD, W. v. (1979):
Ein Lemurenrest aus dem eozänen Ölschiefer der Grube Messel bei Darmstadt. – Paläont. Z., 53: 63–76; Stuttgart

128 KOENIGSWALD, W. v. (1980):
Das Skelett eines Pantolestiden (Proteutheria, Mamm.) aus dem mittleren Eozän von Messel bei Darmstadt. – Paläont. Z., 54: 267–287; Stuttgart

129 KOENIGSWALD, W. v. (1980):
Fossillagerstätte Messel – Literaturübersicht der Forschungsergebnisse aus den Jahren 1969–1979. – Geol. Jb. Hessen, 108: 23–38; Wiesbaden

130 KOENIGSWALD, W. v. (1981):
Paläogeographische Beziehungen der Wirbeltierfauna aus der alttertiären Fossillagerstätte Messel bei Darmstadt. – Geol. Jb. Hessen, 109: 85–102; Wiesbaden

131 KOENIGSWALD, W. v. (1982):
Die erste Beutelratte aus dem mitteleozänen Ölschiefer von Messel bei Darmstadt. – Natur u. Museum, 112: 41–48; Frankfurt/M.

132 KOENIGSWALD, W. v. (1983):
Der erste Pantolestide (Proteutheria, Mammalia) aus dem Eozän des Geiseltals bei Halle. – Z. geol. Wiss., 11: 781–787; Berlin

133 KOENIGSWALD, W. v. (1983):
Exkursion Messel, Geologie, Biostratonomie und Paläökologie der mitteleozänen Fossillagerstätte Messel – Paläont. Ges. 53. Jahresvers. 18 S.; Mainz

134 KOENIGSWALD, W. v. (1983):
Skelettfunde von *Kopidodon* (Condylarthra, Mammalia) aus dem mitteleozänen Ölschiefer von Messel bei Darmstadt – N. Jb. Geol. Paläont. Abh., 167: 1–39; Stuttgart

135 KOENIGSWALD, W. v. (1985):
Der dritte Lemurenrest aus dem mitteleozänen Ölschiefer der Grube Messel bei Darmstadt – Carolinea, 42: 145–148; Karlsruhe

136 KOENIGSWALD, W. v. & MICHAELIS, W. (1984):
Fossillagerstätte Messel – Literaturübersicht der Forschungsergebnisse aus den Jahren 1980–1983. – Geol. Jb. Hessen, 112: 5–26; Wiesbaden

137 KOENIGSWALD, W. v., RICHTER, G. & STORCH, G. (1981):
Nachweis von Hornschuppen bei *Eomanis waldi* aus der „Grube Messel" bei Darmstadt (Mammalia, Pholidota). – Senckenbergiana lethaea, 61: 291–298; Frankfurt/M.

138 KOENIGSWALD, W. v. & SCHAARSCHMIDT, F. (1983):
Ein Urpferd aus Messel, das Weinbeeren fraß. – Natur u. Museum, 113: 79–84; Frankfurt/M.

139 KOENIGSWALD, W. v. & STORCH, G. (1983):
Pholidocercus hassiacus, ein Amphilemuride aus dem Eozän der „Grube Messel" bei Darmstadt (Mammalia, Lipotyphla). – Senckenbergiana lethaea, 64: 447–495; Frankfurt/M.

140 KOENIGSWALD, W. v. & STORCH, G. (1987):
Leptictidium tobieni n. sp., ein dritter Pseudorhyncocyonide (Proteutheria, Mammalia) aus dem Eozän von Messel. – Cour. Forsch. Inst. Senckenberg, 91: 107–116; Frankfurt/M.

141 KOENIGSWALD, W. v. & WUTTKE, M. (1987):
Zur Taphonomie eines unvollständigen Skelettes von *Leptictidium nasutum* aus dem Ölschiefer von Messel. – Geol. Jb. Hessen, 115: 65–79; Wiesbaden

142 KOPPE, V. (1975):
Der Fossiliensammler. – Präparator, 21: 106–109; Bochum

143 KREJCI-GRAF, K. (1978):
Organische Ablagerungen in Seen. – Cour. Forsch.-Inst. Senckenberg, 26, 56 S.; Frankfurt/M.

144 KRISHTALKA, L. & SETOGUCHI, T. (1977):
Paleontology and geology of the Badwater Creek Area, Central Wyoming. – Ann. Carnegie Mus., 46: 71–99; Pittsburgh, Pa.

145 KRUMBIEGEL, G. (1982):
Systematische Übersicht der Wirbellosen aus dem Eozän des Geiseltales. – Fundgrube, 18 (1): 10–22; Berlin

146 KRUMBIEGEL, G., RÜFFLE, L. & HAUBOLD, H. (1983):
Das eozäne Geiseltal. – Neue Brehm-Bücherei, 237: 1–227; Wittenberg

147 KRUTZSCH, W. (1966):
Die sporenstratigraphische Gliederung des mitteleuropäischen Alttertiärs – methodische Grundlagen und gegenwärtiger Stand der Untersuchungen. – Abh. zentr. geol. Inst., 8; Berlin

148 KUHN, O. (1968):
Die vorzeitlichen Krokodile. – 124 S.; München (Oeben)

149 KUSTER-WENDENBURG, E. (1969):
Fossil-Grabungen in den mitteleozänen Süßwasserpeliten der „Grube Messel" bei Darmstadt (Hessen). – Notizbl. hess. L.-Amt Bodenforsch., 97: 65–75; Wiesbaden

150 KÜHNE, W. G. (1961):
Präparation von flachen Wirbeltierfossilien auf künstlicher Matrix. – Paläont. Z., 35: 251–252; Stuttgart

151 KÜHNE, W. G. (1962):
Präparation von Wirbeltierfossilien aus kolloidalem Gestein. – Paläont. Z., 36: 285–286; Stuttgart

152 LEHMANN, R. (1933):
Die geologischen Verhältnisse des Ölschiefervorkommens von Messel. – A. Riebeck'sche Montanwerke: Die Geschichte einer mitteldeutschen Bergwerksgesellschaft: 427–429; München (Bruckmann)

153 LIPPMANN, H. G. (1979):
Bergung und Präparation von Fossilien aus den Messeler Schichten. – In: HEIL et al.: Fossilien der Messeler Schichten, 19–26; Darmstadt (Hess. Landesmus.)

154 LIPPMANN, H. G. (1983):
Fossilien der Messel-Formation. – Eine Ausstellung im Hessischen Landesmuseum. – Präparator, 29: 208; Bochum

155 LIPPMANN, H. G. & WIEMER, G. (1979):
Bergung und Präparation von Fossilien aus der Grube Messel unter Berücksichtigung eines Primatenfundes. – Präparator, 25: 3–13; Bochum

155a LIPPOLT, H. J., BARANYI, I. & TODT, W. (1975):
Die Kalium-Argon-Alter der post-permischen Vulkanite des nordöstlichen Oberrheingrabens. – Aufschluß Sonderband 27: 205–212; Heidelberg

156 LUDWIG, R. (1876):
Braunkohle bei Messel. – Notizbl. Ver. Erdk. u. mittelrhein. geol. Ver., 169: 1; Darmstadt

157 LUDWIG, R. (1877):
Fossile Crocodiliden aus der Tertiärformation des Mainzer Beckens. – Palaeontogr. Suppl., 3, 52 S.; Cassel

158 LUTZ, H. (1985):
Eine wasserlebende Käferlarve aus dem Mittel-Eozän der Grube Messel. – Natur u. Museum, 115: 55–60; Frankfurt/M.

159 LUTZ, H. (1987):
Die Insekten-Thanatocoenose aus dem Mittel-Eozän der Grube Messel bei Darmstadt: Erste Ergebnisse. – Cour. Forsch.-Inst. Senckenberg, 91: 189–201; Frankfurt/M.

160 LUTZ, H. (im Druck):
Eine neue Unterfamilie der Formicidae (Insecta: Hymenoptera) aus dem mitteleozänen Ölschiefer der Grube Messel bei Darmstadt (Deutschland, S-Hessen). – Senckenbergiana lethaea,; Frankfurt/M.

161 MAI, D. H. (1981):
Entwicklung und klimatische Differenzierung der Laubwaldflora Mitteleuropas im Tertiär. – Flora, 171: 525–582; Jena

162 MAIER, W. (1977):
Macrocranion tupaiodon WEITZEL, 1949, ein igelartiger Insektivor aus dem Eozän von Messel und seine Beziehungen zum Ursprung der Primaten. – Z. Systematik u. Evolforsch., 15: 311–318; Hamburg

163 MAIER, W. (1979):
Macrocranion tupaiodon, an adapisoricid (?) insectivore from the Eocene of 'Grube Messel' (Western Germany). – Paläont. Z., 53: 38–62; Stuttgart

164 MAIER, W., RICHTER, G. & STORCH, G. (1986):
Leptictidium nasutum – ein archaisches Säugetier aus Messel mit außergewöhnlichen biologischen Anpassungen. – Natur u. Mus., 116, 1: 1–19; Frankfurt/M.

165 MARTINI, E. & RIETSCHEL, S. (1978):
Lösungserscheinungen an Schwammnadeln im Messeler Ölschiefer (Mittel-Eozän). – Erdoel, Ergas Z., 94: 94–97; Hamburg/Wien

166 MATTERN, G., ALBRECHT, P. & OURISSON, G. (1970):
4-methylsterols and sterols in Messel shale (Eocene). – Chem. Comm., S. 1570–1571; London

167 MATTHES, H. W. & THALER, B. (Herausgeb.) (1977):
Eozäne Wirbeltiere des Geiseltales. – Martin Luther Univ. Halle-Wittenberg, Wiss. Beitr., 1977, 2 (P5), 149 S.; Halle/S.

168 MATTHESS, G. (1956):
Ein Beitrag zur Geologie des Ölschiefervorkommens von Messel bei Darmstadt. – Jber. u. Mitt. oberrhein. geol. Ver., N. F., 38: 11–21; Stuttgart

169 MATTHESS, G. (1966):
Zur Geologie des Ölschiefervorkommens von Messel bei Darmstadt. – Abh. hess. L.-Amt Bodenforsch. 51, 87 S.; Wiesbaden

170 MATTHESS, G. (1968):
Les couches éocènes dans la région du fossé Rhénan septentrional. – Mém. Bur. Rech. géol. et min., 58: 327–337; Paris

171 MATTHESS, G. (1970):
Die Erdgeschichte des Ölschiefervorkommens von Messel. – Chronik der Grube Messel: 25–33; München (YTONG AG)

172 MATTHESS, G., HOFMANN, U. & BOEHM, H. P. (1964):
Zur Verteilung der Tonminerale in den mitteleozänen Schichten der Grube Messel bei Darmstadt. – Notizbl. hess. L.-Amt Bodenforsch., 92: 202–211; Wiesbaden

173 MEUNIER, F. (1921):
Die Insektenreste aus dem Lutetien von Messel bei Darmstadt. – Abh. hess. geol. L.-Anst., 7, 3: 1–15; Darmstadt

174 MICHAELIS, W. & ALBRECHT P. (1979):
Molecular fossils of Archaebacteria in kerogen. – Naturwissenschaften, 66: 420–421; Berlin

175 MICKLICH, N. (1978):
Palaeoperca proxima, ein neuer Knochenfisch aus dem Mittel-Eozän von Messel bei Darmstadt. – Senckenbergiana lethaea, 59: 483–501; Frankfurt/M.

176 MICKLICH, N. (1982):
Biologisch-paläontologische Untersuchungen zur Fischfauna der Messeler Ölschiefer (Mittel-Eozän, Lutetium). – Diss. TH Darmstadt, 318 S.; Darmstadt

177 MICKLICH, N. (1983):
Ein Aal aus der „Grube Messel" – Gedanken und Probleme bei Aussagen zu Fossilfunden. – Natur u. Museum, 113: 211–221; Frankfurt

178 MICKLICH, N. (1985):
Biologisch-paläontologische Untersuchungen zur Fischfauna der Messeler Ölschiefer (Mittel-Eozän, Lutetium). – Adrias, 4: 1–171; Karlsruhe

179 MICKLICH, N. (1987):
Neue Beiträge zur Morphologie, Ökologie und Systematik Messeler Knochenfische. I. Gattg. *Amphiperca* Weitzel 1933 (Perciformes, Percoidea). – Cour. Forsch. Inst. Senckenberg, 91: 35–106; Frankfurt/M.

180 MUTHMANN, W. (1890):
Messelit, ein neues Mineral. – Z. Kristallogr., Mineral., Petrogr., Abt. A., 17: 93–94; Frankfurt/M.

181 MÖNCH, M. (1976):
Das Kopfskelett von *Amia kehreri* ANDREAE 1892 aus dem Eozän (Lutetium) von Messel bei Darmstadt. – Unveröff. Dipl.-Arb., 131 S.; Universität Mainz

182 MÜLLER, W. E. G., MAIDHOF, A., DORN, A., HONOMICHL, K. & COLLINSON, M. E. (1985):
Cellular structure of seeds of *Zanthoxylum* sp. from Middle Eocene of Messel. – Senckenbergiana lethaea, 66: 165–170; Frankfurt/M.

183 MÜLLER, W. E. G., ZAHN, R. K. & MAIDHOF, A. (1982):
Spongilla gutenbergiana n. sp., ein Süßwasserschwamm aus dem Mittel-Eozän von Messel. – Senckenbergiana lethaea, 63: 465–472; Frankfurt/M.

184 MÜLLER-STOLL, W. (1935):
Palmenreste aus dem Eozän des Oberrheingebietes und ihre Erhaltung. – Paläont. Z., 17: 55–73; Berlin

185 NOVACEK, M. J. (1985):
Evidence for echolocating in the oldest known bats. – Nature, 315: 140–141; London

186 NOVACEK, M. J., BROWN, T. M. & SCHLANKER, O. (1985):
On the classification of the Early Tertiary Erinaceomorpha (Insectivora, Mammalia). – Amer. Mus. Novitates, 2813: 1–22; New York

187 OCAMPO, R., CALLOT, H. J. & ALBRECHT, P. (1985):
Identification of polar porphyrins in oil shale. – J. Chem. Soc., Chem. Commun., 1985: 198–200; Strasbourg

188 OCAMPO, R., CALLOT, H. J. & ALBRECHT, P. (1985):
Occurence of bacteriopetroporphyrins in oil shale. – J. Chem. Soc., Chem. Commun., 1985: 200–201; Strasbourg

189 OCAMPO, R., CALLOT, H. J., ALBRECHT, P. & KINTZINGER, J. P. (1984):
A novel chlorophyll c related petroporphyrin in oil shale. – Tetrahedron Letters, 25: 2589–2592; Oxford (Pergamon)

190 OURISSON, G. (1973):
La géochemie organique: des sédiments marqués par des molécules fossiles. – Courrier du C.N.R.S., Images de la Chimie, 1973: 39–41; Paris

191 OURISSON, G. (1973):
Samsara of organic carbon. – Pure Appl. Chem., 33: 73–80; Oxford (Pergamon)

192 OURISSON, G., ALBRECHT, P. & ROHMER, M. (1979):
The hopanoids. Paleochemistry and biochemistry of a group of natural products. – Pure Appl. Chem., 51: 709–729; Oxford (Pergamon)

193 OURISSON, G., ALBRECHT, P. & ROHMER, M. (1982):
Predictive microbial biochemistry – from molecular fossils to procaryotic membranes. – Trends in Biochem. Sci., 7: 236–239; Amsterdam

194 OURISSON, G., ALBRECHT, P. & ROHMER, M. (1984):
Der mikrobielle Ursprung fossiler Brennstoffe. – Spektrum der Wissenschaft, 10: 54–64; Heidelberg

195 PETERS, D. S. (1983):
Die „Schnepfenralle" *Rhynchaeites messelensis* Wittich 1898 ist ein Ibis. – J. Ornithologie, 124 (1): 1–27; Berlin

196 PETERS, D. S. (1985):
Ein neuer Segler aus der Grube Messel und seine Bedeutung für den Status der Aegialornithidae (Aves: Apodi formes). – Senckenbergiana lethaea, 66: 143–164; Frankfurt/M.

197 PFLUG, H. (1952):
Palynologie und Stratigraphie der eozänen Braunkohlen von Helmstedt. – Paläont. Z., 26: 112–137; Stuttgart

198 PFLUG, H. (1957):
Zur Altersfolge und Faziesgliederung mitteleuropäischer (insbesondere hessischer) Braunkohlen. – Notizbl. hess. L.-Amt Bodenforsch., 85: 152–178; Wiesbaden

199 RAAB, M. (1980):
Die Geologie der Grube Messel, gegenwärtiger Kenntnisstand. – Aufschluß, 31: 181–204; Heidelberg

200 RAHNAMA-RAD, J. (1983):
Zustandsbeschreibung der geochemischen Parameter der eozänen Ölschiefer von Messel. – Unveröff. Dipl.-Arb. TH Darmstadt, 103 S.; Darmstadt

201 REINACH, A. von (1900):
Schildkrötenreste im Mainzer Tertiärbecken und in benachbarten, ungefähr gleichalterigen Ablagerungen. – Abh. senckenberg. naturf. Ges., 28: 1–135; Frankfurt

202 REINECK, H.-E. & WEBER, J. (1983):
Trümmer- und Trübeströme im eozänen See von Messel. – Natur u. Museum, 113: 307–312; Frankfurt/M.

203 REISINGER, E. (1982):
Ein fossiles Säugetier aus Messel, Beschreibung und funktionelle Interpretation in ihrer methodischen Problematik. – Unveröff. Dipl.-Arb. Univ. Frankfurt, 119 S.; Frankfurt/M.

204 REVILLIOD, P. (1917):
Fledermäuse aus der Braunkohle von Messel bei Darmstadt. – Abh. hess. geol. L.-Anst., 7: 161–201; Darmstadt

205 RICHTER, G. (1981):
Untersuchungen zur Ernährung von *Messelobunodon schaeferi* (Mammalia, Artiodactyla). – Senckenbergiana lethaea, 61: 355–370; Frankfurt/M.

206 RICHTER, G. (1985):
Chitin abbauende Mikroorganismen aus dem Ölschiefer der Grube Messel bei Darmstadt. – Natur u. Museum, 115: 390–393; Frankfurt/M.

207 RICHTER, G. (1987):
Untersuchungen zur Ernährung eozäner Säuger aus der Fossilfundstätte Messel bei Darmstadt. – Cour. Forsch. Inst. Senckenberg, 91: 1–33; Frankfurt/M.

208 RICHTER, G. & STORCH, G. (1980):
Beiträge zur Ernährungsbiologie eozäner Fledermäuse aus der „Grube Messel". – Natur u. Museum, 110 (12): 353–367; Frankfurt/M.

209 RIEPPEL, O. (1978):
The phylogeny and mechanics of the feeding apparatus in Varanus (Reptilia, Lacertilia). – Dissertation; Basel

210 RIEPPEL, O. (1980):
Ein Lacertilier aus dem Eozän von Messel. – Beitr. naturk. Forsch. SüdwDtl., 39: 57–69; Karlsruhe

211 RISATTI, J. B., ROWLAND, S. J., YON, D. & MAXWELL, J. R. (1984):
Stereochemical studies of acylic isoprenoids – XII. Lipids of methanogenic bacteria and possible contributions to sediments. – Advances in Organic Geochemistry, 1983 – Org. Geoch., 6: 93–104; Oxford (Pergamon)

212 RUSSELL, D. E., HARTENBERGER, J.-L., POMEROL, CH., SEN, S., SCHMIDT-KITTLER, N. & VIANEYLIAUD, M. (1982):
Mammals and stratigraphy: Paleogene of Europe. – Palaeovertebrate, Mém extraord.: 1–77; Montpellier

213 RUSSELL, D. E., LOUIS, P. & SAVAGE, D. E. (1975):
Les Adapisoricidae de l'Eocène Inférieur de France. Réévaluation des formes considérées affines. – Bull. Mus. nat. d'Hist. natur., 3. S., 327 Science de la Terre, 54: 129–179; Paris

214 RUSSELL, D. E. & SIGE, B. (1970):
Révision des chiroptères lutétiens de Messel (Hesse, Allemagne). – Palaeovertebrata, 3: 83–182; Montpellier

215 SAVAGE, D. E., RUSSELL, D. E. & LOUIS, P. (1965):
Early Eocene continental mammalian fauna of Europe and North America. – Abstract for 1964 Geol. Soc. America, Special paper, 82: 275; New York

216 SAVAGE, D. E., RUSSELL, D. E. & LOUIS, P. (1965):
European Eocene Equidae (Perissodactyla). – Univ. Calif. Publ. geol. Sci., 56, 94 S.; Berkeley, Los Angeles

217 SCHAAL, S. (1986):
Die Grube Messel unter Müll? – Archäologie in Deutschl., 3: 2–5; Stuttgart

218 SCHAAL, S., SCHMITZ-MÜNKER, M. & WOLF, H.-G. (1987):
Neue Korrelationsmöglichkeiten von Grabungsstellen in der eozänen Fossillagerstätte Grube Messel. – Cour. Forsch.-Inst. Senckenberg, 91: 202–211; Frankfurt/M.

219 SCHAARSCHMIDT, F. (1974):
Paläobotanische Exkursion in die Ölschiefergrube von Messel bei Darmstadt (Eozän). – Cour. Forsch. Inst. Senckenberg, 10: 34–41; Frankfurt/M.

220 SCHAARSCHMIDT, F. (1981):
Stand der paläobotanischen Untersuchungen des Messeler Ölschiefers. – Cour. Forsch. Inst. Senckenberg, 50: 47–48; Frankfurt/M.

221 SCHAARSCHMIDT, F. (1982):
Präparation und Untersuchung der eozänen Pflanzenfossilien von Messel bei Darmstadt. – Cour. Forsch. Inst. Senckenberg, 56: 59–77; Frankfurt/M.

222 SCHAARSCHMIDT, F. (1984):
A new mymphaeaceae-"flower" from the Eocene of Messel (Germany). – Abstr. 2nd intern. Org. Palaeobot. Conf., 1984: S. 38; Edmonton

223 SCHAARSCHMIDT, F. (1984):
Flowers from the Eocene oil-shale of Messel: A preliminary report. – Ann. Missouri bot. Garden, 71: 595–602; Galesburg ILL

224 SCHAARSCHMIDT, F. (1985):
Der Messel-See. – Modell einer allochthonen Pflanzenfundstelle. – Kurzf. 55. Jahrestag. paläont. Ges.: S. 61; München

225 SCHAARSCHMIDT, F. (1985):
Tier/Pflanze-Wechselbeziehungen im Eozän von Messel bei Darmstadt. – Abstr. 15. Treffen APP Antwerpen S. 26; Antwerpen

226 SCHAARSCHMIDT, F. (1986):
Blüten von Pflanzen des Messeler Ölschiefers. – Cour. Forsch.-Inst. Senckenberg, 85: 214–215; Frankfurt/M.

227 SCHAARSCHMIDT, F., SHEN, G. L. & WILDE, V. (1983):
Blüten im eozänen Ölschiefer von Messel. – Paläont. Ges. 53. Jahresvers., Programm und Kurzfassungen der Vorträge, S. 62; Mainz

227a SCHAARSCHMIDT, F. & WILDE, V. (1986):
Palmenblüten und -blätter aus dem Eozän von Messel. – Cour. Forsch.-Inst. Senckenberg, 86: 177–202; Frankfurt/M.

228 SCHADE, H. (1975):
Die Ölschiefergrube Messel bei Darmstadt. – Glückauf, 111: 1172–1176; Essen

229 SCHULTZE, H. P. & WILEY, E. O. (1984):
The Neopterygian Amia as a living fossil. – In: ELDRIDEGE, N. & STANLEA, S. M. (eds.): Living fossils: 153–159; New York et. al. (Springer)

230 SIGE, B. & RUSSELL, D. E. (1980):
Compléments sur les chiroptères de l'Eocène moyen d'Europe. Les genres *Palaeochiropteryx* et *Cecilionycteris*. – Palaeovertebrata, Mém. Jubil. R. Lavocat: 91–126; Montpellier

231 SITTLER, C. (1965):
Le Paléogène des fossés Rhénan et Rhodanien. Etudes sédimentologiques et paléoclimatiques. – Mem. Serv. Carte géol. Als. Lorr., 24, 392 S.; Strasbourg

232 SITTLER, C. (1968):
L'analyse pollinique dans l'Est de la France. Etude des formations éocènes ou rapportées à l'Eocène et des stratotypes palynologiques de Borken et de Messel. – Mem. Bur. Rech. géol. et min., 58: 165–171; Paris

233 SITTLER, C. (1968):
Les indications stratigraphiques fournies par les minéraux argileux des différentes formations Eocènes du fossé Rhénan. Comparaison avec les régions voisines. – Mém. Bur. Rech. géol. et min., 58: 495–503; Paris

234 SMITH, J. D., RICHTER, G. & STORCH, G. (1979):
Wie Fledermäuse sich einmal ernährt haben. – Umschau 79, 15: 282–284; Frankfurt/M.

235 SMITH, J. D., & STORCH, G. (1981):
New Middle Eocene bats from „Grube Messel" near Darmstadt, W.-Germany. – Senckenbergiana biol., 61: 153–167; Frankfurt/M.

236 SPRINGHORN, R. (1979):
Leben vor 50 Millionen Jahren – Fossilien der Grube Messel. – 36. S. – Katalog des Lippischen Landesmuseums Detmold

237 SPRINGHORN, R.(1980):
Paroodectes feisti, der erste Miacide (Carnivora, Mammalia) aus dem Mittel-Eozän von Messel. – Paläont. Z., 54: 171–198; Stuttgart

238 SPRINGHORN, R. (1982):
Neue Raubtiere (Mammalia: Creodonta et Carnivora) aus dem Lutetium der Grube Messel (Deutschland). – Palaeontographica, A 179: 105–141; Stuttgart

239 SPRINGHORN, R. (1985):
Zwei neue Skelette von *Miacis? kessleri* (Mammalia: Carnivora) aus den lutetischen Ölschiefern der „Grube Messel". – Senckenbergiana lethaea, 66: 121–141; Frankfurt/M.

240 SPYCKERELLE, C. (1975):
Constituants aromatiques de sédiments. – Thèse de Doctorat d'Etat, Université Louis Pasteur; Strasbourg

241 SPYCKERELLE, C., GREINER, A. CH., ALBRECHT, P. & OURISSON, G. (1977):
Aromatic hydrocarbons from geological sources. Part IV. An octahydrochrysene derived from triterpenes in oil shale: 3,3,7,12a – tetramethyl – 1,2,3,4,4a,11,12,12a, – octa – hydrochrysene. – J. Chem. Res. (S): 332–333; London

242 SPYCKERELLE, C., GREINER, A. CH., ALBRECHT, P. & OURISSON, G. (1977):
Aromatic hydrocarbons from geological sources. Part III. A tetrahydrochrysene derived from triterpenes in recent and old sediments: 3,3,7,1 – trimethyl – 1,2,3,4 – tetrahydrochrysene. – J. Chem. Res. (S): 330–331; London

243 STAESCHE, K. (1928):
Sumpfschildkröten aus hessischen Tertiärablagerungen. – Abh. hess. geol. L.-Anst., 8, 72 S.; Darmstadt

244 STORCH, G. (1978):
Ein Schuppentier aus der Grube Messel – zur Paläobiologie eines mitteleozänen Maniden. – Natur u. Mus., 108, 10: 301–307; Frankfurt/M.

245 STORCH, G. (1978):
Eomanis waldi, ein Schuppentier aus dem Mittel-Eozän der Grube Messel bei Darmstadt (Mammalia: Pholidota). – Senckenbergiana lethaea, 59, 4/6: 503–529; Frankfurt/M.

246 STORCH, G. (1981):
Eurotamandua joresi, ein Myrmecophagide aus dem Eozän der „Grube Messel" bei Darmstadt (Mammalia: Xenarthra). – Senckenbergiana lethaea, 61: 247–289; Frankfurt/M.

247 STORCH, G. (1984):
Die alttertiäre Säugetierfauna von Messel – ein paläobiogeographisches Puzzle. – Naturwissenschaften, 71: 227–233; Berlin

248 STORCH, G. (1986):
Die Säuger von Messel: Wurzeln auf vielen Kontinenten. – Spektrum der Wissensch., 1986/6: 48–65; Heidelberg

249 STORCH, G. & HAUBOLD, H. (1985):
Macrocranion tupaiodon (Mammalia, Lipotyphla) aus dem Mittel-Eozän des Geiseltals bei Halle. – Z. geol. Wiss. Berlin, 13: 727–730; Berlin

250 STORCH, G. & LISTER, A. M. (1985):
Leptictidium nasutum, ein Pseudorhyncocyonide aus dem Eozän der „Grube Messel" bei Darmstadt (Mammalia: Proteutheria). – Senckenbergiana lethaea, 66: 1–37; Frankfurt/M.

251 STRAUB, E. W. (1955):
Über einen Fund von fraglichem Mitteleozän im Erdölfeld Stockstadt bei Darmstadt. – Notizbl. hess. L.-Amt Bodenforsch., 83: 220–227; Wiesbaden

252 STRAUS, A. (1976):
Eine Gangmine aus dem Eozän von Messel. – Aufschluß, 27: 445–446; Heidelberg

253 STRITZKE, R. (1983):
Saniwa feisti n. sp., ein Varanide (Lacertilia, Reptilia) aus dem Mittel-Eozän von Messel bei Darmstadt. – Senckenbergiana lethaea, 64: 497–508; Frankfurt/M.

254 STRÜBEL, G. (1974):
Vollständig erhaltenes Urpferd aus dem Mitteleozän. – Umschau Wiss. Techn., 74: 634; Frankfurt/M.

255 STRÜBEL, G. (1975):
Über ein Urpferd der Gattung Propalaeotherium aus der Fossilfundstelle Messel, Hessen. – Oberhess. naturwiss. Z., 42: 5–12; Gießen

256 STURM, M. (1971):
Die eozäne Flora von Messel bei Darmstadt I. Lauraceae. – Palaeontographica, B, 134: 1–60; Stuttgart

257 STURM, M. (1978):
Maw contents of an Eocene horse *(Propalaeotherium)* out of the oil shale of Messel near Darmstadt. – Cour. Forsch.-Inst. Senckenberg, 30: 120–122; Frankfurt/M.

258 SZALAY, F. S. (1969):
Mixodectidae, Microsyopidae and the insectivore-primate transition. – Bull. Amer. Mus. Natur. Hist., 140, 4, 330 S.; New York

259 SZYSZKA, P. (1955):
Das Ölschiefervorkommen von Messel. – Aufschluß, Sonderheft 2: 102–104; Roßdorf bei Darmstadt

260 TABORSZKY, F. K. (1977):
Der Messelit und das Messelitproblem. – Ber. naturf. Ges. Freiburg i. B. 67: 335–345; Freiburg i. B.

261 THIELE-PFEIFFER, H. (1986):
Pollen und Sporen aus dem Messeler Ölschiefer. – Cour. Forsch.-Inst. Senckenberg, 85: 216–217; Frankfurt/M.

262 THOMSON, P. W. & PFLUG, H. (1953):
Pollen und Sporen des mitteleuropäischen Tertiärs. – Palaeontographica, B, 94, 138 S.; Stuttgart

263 TOBIEN, H. (1954):
Nagerreste aus dem Mitteleozän von Messel bei Darmstadt. – Notizbl. hess. L.-Amt Bodenforsch. , 82: 13–29; Wiesbaden

264 TOBIEN, H. (1955):
Die mitteleozäne Fossilfundstelle Messel bei Darmstadt. – Aufschluß, 2: 87–101; Roßdorf bei Darmstadt

265 TOBIEN, H. (1957):
Zur Paläontologie des mitteleozänen Ölschiefervorkommens von Messel bei Darmstadt. – Z. deutsch. geol. Ges., 109: 665–666; Berlin

266 TOBIEN, H. (1962):
Insectivoren (Mamm.) aus dem Mitteleozän (Lutetium) von Messel bei Darmstadt. – Notizbl. hess. L.-Amt Bodenforsch., 90: 7–41; Wiesbaden

267 TOBIEN, H. (1968):
Das biostratigraphische Alter der mitteleozänen Fossilfundstätte Messel bei Darmstadt (Hessen). – Notizbl. hess. L.-Amt Bodenforsch. , 96: 111–119; Wiesbaden

268 TOBIEN, H. (1968):
Mammifères Eocènes du Bassin de Mayence et de la Partie Orientale du Fossé Rhénan. – Mém. Bur. Rech. géol. mineral., 58: 297–307; Paris

269 TOBIEN, H. (1969):
Die alttertiäre (mitteleozäne) Fossilfundstätte Messel bei Darmstadt (Hessen). – Mainzer naturw. Arch., 8: 149–180; Mainz

270 TOBIEN, H. (1969):
Kopidodon (Condylarthra, Mammalia) aus dem Mitteleozän (Lutetium) von Messel bei Darmstadt (Hessen). – Notizbl. hess. L.-Amt Bodenforsch., 97: 7–37; Wiesbaden

271 TOBIEN, H. (1970):
Die mitteleozäne Fossilfundstätte Grube Messel. – Chronik der Grube Messel: 33–42; München (YTONG AG)

272 TOBIEN, H. (1980):
Ein anthracotherioider Paarhufer (Artiodactyla, Mammalia) aus dem Eozän von Messel bei Darmstadt (Hessen). – Geol. Jb. Hessen, 108: 11–22; Wiesbaden

273 TOBIEN, H. (1985):
Zur Osteologie von *Masillabune* (Mammalia, Artiodactyla, Haplobunodontidae) aus dem Mitteleozän der Fossilfundstätte Messel bei Darmstadt (S-Hessen, Bundesrepublik Deutschland). – Geol. Jb. Hessen, 113: 5–58; Wiesbaden

274 TOOMBS, H. A. & RIXON, A. E. (1950):
The use of plastics in the "Transfer Method" of preparing fossils. – The Museum's Journ., 50: 105–107; London

275 VOIGT, E. (1933):
Die Übertragung fossiler Wirbeltierteilchen auf Zellulose-Filme, eine neue Bergungsmethode für Wirbeltiere aus der Braunkohle. – Paläont. Z., 15: 72–78; Stuttgart

276 VOIGT, E. (1934):
Die Fische aus der mitteleozänen Braunkohle des Geiseltales. – Nova Acta Leopoldina N. F., 2: 21–146; Halle/S.

277 VOIGT, E. (1936):
Die Lackfilmmethode, ihre Bedeutung und Anwendung in der Palaeontologie, Sedimentpetrographie und Bodenkunde. – Z. deutsch. geol. Ges., 88: 272–292; Berlin

278 WALCH, K. J. (1977):
Zur „Messel-Präparation". – Natur u. Museum, 107: 346–348; Frankfurt/M.

279 WEBER, J. & HOFMANN, U. (1982):
Kernbohrungen in der eozänen Fossillagerstätte Grube Messel bei Darmstadt. – Geol. Abh. Hessen, 83, 58 S.; Wiesbaden

280 WEBER, J. & ZIMMERLE, W. (1985):
Pyroclastic detritus in the lacustrine sediments of the Messel Formation. – Senckenbergiana lethaea, 66: 171–176; Frankfurt/M.

281 WEITZEL, K. (1932):
Amphiperca multiformis n.g.n.sp. und *Thaumaturus intermedius* n.sp., Knochenfische aus dem Mitteleozän von Messel. – Notizbl. Ver. f. Erdk. u. hess. geol. L.-Anst., (5) 14: 89–97; Darmstadt

282 WEITZEL, K. (1933):
Cryptopithecus macrognathus WITTICH von Messel ist kein Primate, sondern ein Creodontier. – Cbl. Min. etc., 1932 B: 617–618; Stuttgart

283 WEITZEL, K. (1933):
Kopidodon macrognathus WITTICH, ein Raubtier aus dem Mitteleozän von Messel. – Notizbl. hess. geol. L.-Anst., (5) 14: 81–100; Darmstadt

284 WEITZEL, K. (1935):
Hassiacosuchus haupti n.g.n.sp., ein durophages Krokodil aus dem Mitteleozän von Messel. – Notizbl. hess. geol. L.-Anst., (5) 16: 40–49; Darmstadt

285 WEITZEL, K. (1938):
Pristichampsus rollinati (GRAY) aus dem Mitteleozän von Messel. – Notizbl. hess. geol. L.-Anst., (5) 19: 47–48; Darmstadt

286 WEITZEL, K. (1938):
Propelodytes wagneri n.g.n.sp., ein Frosch aus dem Mitteleozän von Messel. – Notizbl. hess. geol. L.-Anst., (5) 19: 42–46; Darmstadt

287 WEITZEL, K. (1949):
Neue Wirbeltiere (Rodentia, Insectivora, Testudinata) aus dem Mitteleozän von Messel bei Darmstadt. – Abh. senckenberg. naturforsch. Ges., 480, 24 S.; Frankfurt/M.

288 WELTE, D. H. (1965):
Kohlenwasserstoffgenese in Sedimentgesteinen: Untersuchungen über den thermischen Abbau von Kerogen unter besonderer Berücksichtigung der n-Paraffin-Bildung. – Geol. Rdsch., 55: 131–144; Stuttgart

289 WEST, R. M. & DAWSON, M. R. (1978):
Vertebrate Paleontology and the Cenozoic History of the North Atlantic Region. – Polarforsch., 48: 103–119; Münster (Westf.)

290 WESTPHAL, F. (1980):
Chelotriton robustus n. sp., ein Salamandride aus dem Eozän der Grube Messel bei Darmstadt. – Senckenbergiana lethaea, 60: 475–487; Frankfurt/M.

291 WIESENMÜLLER, H. (1980):
Grube Messel – eine weltberühmte Fossilienfundstelle. – Grube Messel Sonderausstellung von Fossilien, Erlangen Februar bis März 1980: 7–22; Erlangen

292 WILDE, V. (1986):
Blätter von Pflanzen des Messeler Ölschiefers. – Cour. Forsch. Inst. Senckenberg, 85: 212–213; Frankfurt/M.

293 WILEY, E. O. (1976):
The phylogeny and biogeography of fossil and recent gars (Actinopterygii: Lepisosteidae). – Univ. of Kansas, Mus. natur. Hist., Misc. Publ., 64, 111 S.; Lawrence (KS)

294 WILEY, E. O. & SCHULTZE, H. P. (1984):
Family Lepisosteidae (Gars) as living fossils. – Living Fossils: 160–165; New York

295 WITTICH, E. (1898):
Beiträge zur Kenntnis der Messeler Braunkohle und ihrer Fauna. – Abh. hess. geol. L.-Anst., 3, 4: 79–147; Darmstadt

296 WITTICH, E. (1902):
Cryptopithecus macrognathus n. spec., ein neuer Primate aus den Braunkohlen von Messel. – Cbl. Min. etc., 10: 289–294; Stuttgart

297 WOLF, H. W. (1978):
Fund-Grube Messel. – Kosmos, 1978: 327–336; Stuttgart

298 WOLF, M. & REHNELT, K. (1977):
Die Inhaltsstoffe einiger Proben des Ölschiefers aus der Irati-Formation (Perm) Brasiliens. – Geol. Jb., 23: 39–58; Hannover

299 WOOD, A. E. (1976):
The Paramyid rodent *Ailuravus* from the Middle and Late Eocene of Europe and its relationships. – Palaeovertebrata, 7, 1–2: 117–149; Montpellier

300 WUTTKE, M. (1983):
„Weichteilerhaltung" durch lithifizierte Mikroorganismen bei mittel-eozänen Vertebraten aus den Ölschiefern der „Grube Messel" bei Darmstadt (Hessen, BRD). – Senckenbergiana lethaea, 64: 509–527; Frankfurt/M.

301 WUTTKE, M. (1983):
Aktuopaläontologische Studien über den Zerfall von Wirbeltieren. Teil I: Anura. – Senckenbergiana lethaea, 64: 529–560; Frankfurt/M.

302 WUTTKE, M. (1987):
Untersuchungen zur Morphologie, Paläobiologie, Biostratinomie und Weichteildiagenese der mitteleozänen Anuren von Messel mit einem Beitrag zur Aktuopaläontologie von Anuren. – Unveröff. Diss. Univ. Mainz; Mainz

303 ZEUNER, F. E. (1938):
Die Insektenfauna des Mainzer Hydrobienkalks. – Paläont. Z., 20: 104–159; Berlin

Zuordnung der Literatur

Übersichten
11, 52, 53, 54, 55, 56, 66, 100, 102, 103, 105, 106, 107, 108, 109, 129, 133, 136, 154, 217, 228, 236, 247, 259, 264, 265, 269, 271, 291, 295, 297.

Geschichtliches
10, 105, 126.

Grabung
50, 54, 57, 58, 64, 73, 80, 149, 153, 155, 218.

Präparation
20, 50, 109, 142, 151, 153, 155, 221, 278, 292, 293, 295.

Geologie
1, 9, 27, 31, 43, 103, 105, 109, 116, 124, 125, 133, 143, 152, 156, 168, 169, 170, 171, 199, 200, 202, 251, 279.

Mineralogie
36, 37, 74, 79, 105, 115, 172, 180, 260.

Geochemie
1, 2, 3, 7, 8, 15, 18, 23, 24, 25, 26, 30, 33, 34, 35, 38, 39, 40, 41, 42, 45, 46, 47, 48, 82, 83, 84, 86, 87, 88, 89, 91, 111, 115, 117, 118, 119, 120, 121, 124, 143, 166, 174, 187, 188, 189, 190, 191, 192, 193, 194, 212, 240, 241, 242, 280, 288, 298.

Paläontologie

Flora
28, 29, 44, 79, 86, 87, 138, 147, 182, 184, 198, 219, 220, 221, 222, 223, 224, 226, 227, 227a, 231, 232, 233, 256, 261, 262, 292.

Mikroorganismen
24, 25, 26, 79, 174, 206, 261, 300.

Invertebraten
76, 104, 122, 123, 158, 159, 160, 165, 173, 183, 252.

Vertebraten

Fische
4, 5, 17, 19, 49, 77, 175, 176, 177, 178, 179, 181, 229, 281, 293, 294.

Amphibien
286, 290, 301, 302.

Reptilien
12, 14, 21, 22, 75, 81, 85, 93, 94, 95, 114, 148, 157, 201, 209, 210, 243, 253, 284, 285, 287.

Vögel
13, 51, 110, 113, 195, 196.

Säugetiere
59, 60, 61, 62, 63, 65, 67, 72, 90, 96, 97, 99, 101, 102, 127, 128, 131, 132, 134, 135, 137, 138, 139, 140, 141, 155, 162, 163, 164, 185, 203, 204, 205, 207, 208, 214, 215, 216, 230, 234, 235, 237, 238, 239, 244, 245, 246, 248, 249, 250, 254, 255, 257, 263, 266, 270, 272, 273, 282, 283, 287, 296, 299.

Stratigraphie
16, 43, 68, 71, 99, 100, 147, 197, 198, 212, 231, 233, 267, 268.

Paläogeographie und Klima
12, 77, 130, 231, 247.

Weiterführende Literatur
1, 4, 5, 7, 16, 19, 21, 22, 31, 32, 49, 51, 65, 69, 70, 71, 72, 77, 78, 81, 97, 98, 112, 114, 132, 143, 144, 145, 146, 147, 148, 150, 155a, 157, 161, 167, 184, 186, 197, 198, 201, 212, 213, 215, 216, 229, 230, 231, 233, 243, 249, 258, 262, 268, 274, 275, 276, 277, 289, 293, 294, 298, 303.

Verschiedenes
90, 92, 133, 154, 179, 207, 302.

Nachwort

Vom Eozän, in dessen Jahrmillionen sich der Ölschiefer und die Braunkohle der Messel-Formation mit ihren fossilen Zeugnissen des Lebens bildeten, bis in unsere Zeit wandelte sich die Erde und das Leben auf ihr stetig und langsam. In unserer Zeit wurden in wenigen Jahrzehnten die Braunkohle und der Ölschiefer, soweit es sich lohnte, abgebaut, verschwelt, verbrannt. So entstanden die Krater der Grube Messel und der Grube „Prinz von Hessen", Abraum- und Rückstandshalden. Es wurden viele Zeugnisse des Lebens geborgen, verglichen mit der überlieferten Fülle waren es aber wenige und wenige auch im Hinblick auf die Erkenntnisse, die viele dieser im Ölschiefer der Grube Messel noch vorhandenen Zeugnisse des Lebens liefern könnten.

Sich selbst überlassen, würde sich die Grube Messel – ebenso wie es schon vor langem bei der Grube „Prinz von Hessen" geschah – mit dem auch hier ständig zufließenden Wasser füllen. Sich nicht ganz selbst überlassen, böte die Grube auch weiterhin ein reiches Betätigungsfeld wissenschaftlicher Forschung. Überlassen aber einer alle erdenklichen Gegenstände im Überfluß produzierenden und konsumierenden Gesellschaft und den dadurch entstandenen „Sachzwängen", würde der Krater unter aufwendigen Vorkehrungen mit den z. T. weither transportierten Resten des Produzierens und Konsumierens gefüllt, damit möglichst lange noch bedenkenlos produziert und konsumiert werden kann.

Das Geschehen um die Grube Messel zeigt beispielhaft einen Konflikt zwischen der Wertschätzung einer erd- und lebensgeschichtlichen Forschung, die zu neuen Fragen und neuen Antworten im Hinblick auf das Heute und Morgen führt, und dem bequemen Beharren auf einem schon lange nicht mehr zeitgemäßen Produzieren, Verteilen und Konsumieren in einer sich mit ungeheurer Schnelligkeit verändernden Menschenwelt.

Reinhard Heil

Dank

Das Forschungsinstitut und Naturmuseum Senckenberg, Frankfurt a. M. (Herr E. Haupt, Frau A. Helfricht, Herr Dipl. Biol. H. Lutz und Frau A. Pantak) stellte die Vorlagen für die Abbildungen F14, F54, F57, F62, F71, F73 und F92 zur Verfügung.
Von Herrn Bergingenieur F. Vogel, Dieburg, erhielten wir die Abbildungen B1, B2 und B3.

Den Herren G. Emmerich und G. Demuth der Firma DUPONT, Neu Isenburg, danken wir für die Fertigung beziehungsweise Überarbeitung der Röntgenbilder D5, D6, F53, und F75.

Alle anderen Vorlagen stammen aus dem Hessischen Landesmuseum (Herr W. Kumpf, Prof. Dr. W. v. Koenigswald, E. Fleisch & W. Heine (1979), Dr. D. Graner, Dr. C. Heunisch, Frau I. Lehnen und Frau M. Schwab).

Die umfangreichen Schreibarbeiten wurden von Frau S. Keim durchgeführt. Den wesentlichen Teil der Fotoarbeiten hat Frau G. Meisel übernommen.

All denen, die am Werden dieses Buches mitgearbeitet haben, danken die Autoren herzlich.

Sehr profitiert haben die Autoren nicht zuletzt von den Informationen und Diskussionen, die sie mit anderen Wissenschaftlern führen konnten, die ebenfalls über die Funde aus dem Ölschiefer von Messel arbeiten. Auch Ihnen sei für ihre kollegiale Hilfe gedankt.